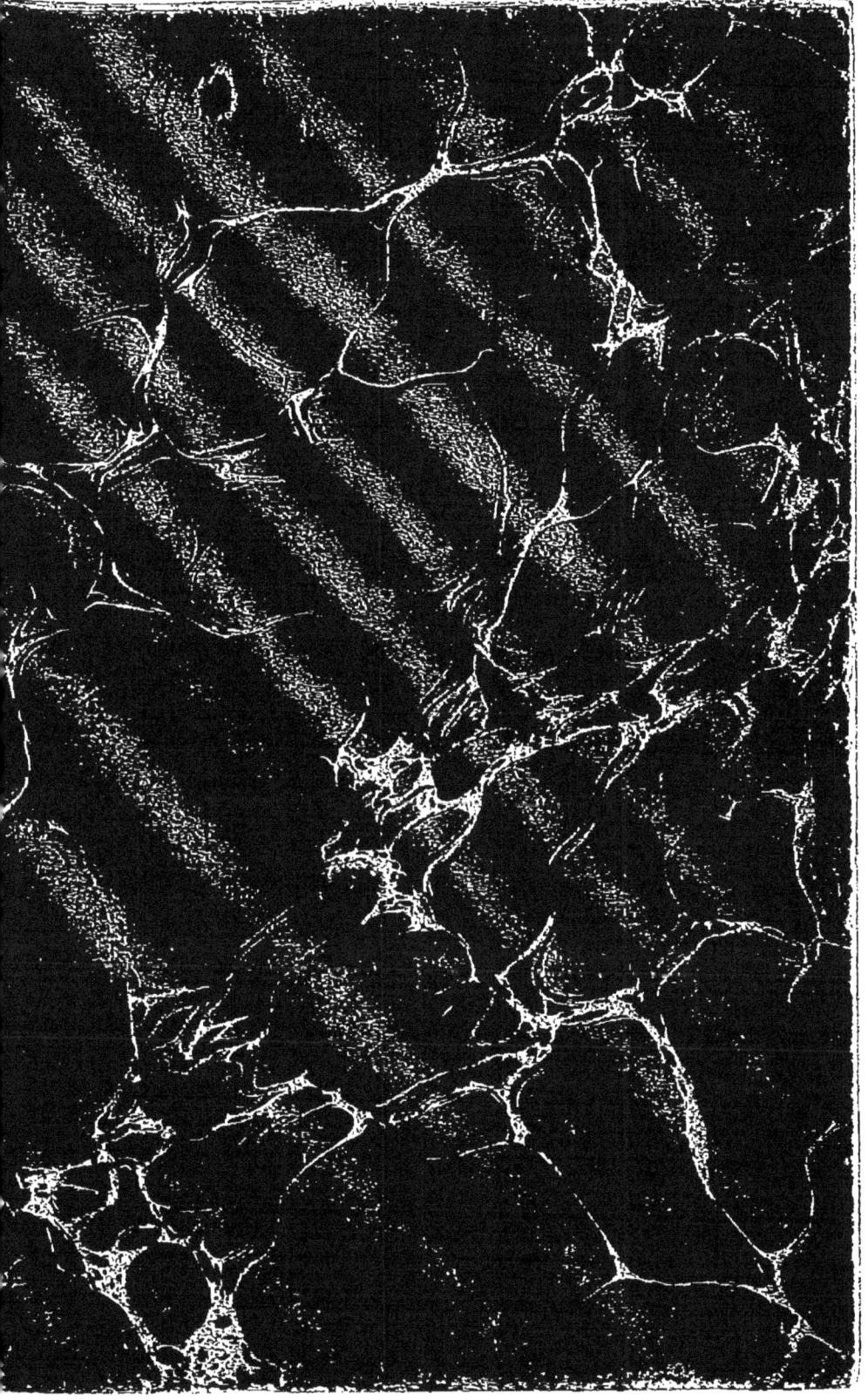

ÉTUDE DES APPAREILS

DU JEU DE ROULETTE

DE MONACO

NICE — IMPRIMERIE V.-EUG. GAUTHIER ET C°. — NICE

ÉTUDE DES APPAREILS
DU
JEU DE ROULETTE
DE MONACO

PAR

MAURICE JACOB

INGÉNIEUR

1883

PARIS

LIBRAIRIE ANCIENNE DE S. PITRAT

Recherches de livres rares ou épuisés

36, RUE SERPENTE

Tous droits réservés

PRÉFACE

Bien des personnes se sont occupées de rechercher les moyens d'assurer aux joueurs un gain régulier au jeu de roulette. Elles ont échoué, et l'on ne peut s'en étonner. Un problème de ce genre ne peut être abordé sérieusement par des esprits mal préparés, dans lesquels la hâte fiévreuse d'arriver ou le découragement des vaincus du sort ne laisse place qu'à des conceptions empiriques, non mûries par l'esprit de méthode, non contrôlées par l'examen scientifique.

L'auteur de ce livre ne se trouve dans aucun de ces cas. Plus qu'indifférent par tempérament à tous les jeux, — dont il a le travers de ne pas comprendre l'agrément; — il n'eût probablement jamais pensé à s'occuper du jeu de roulette, si une conversation tenue en sa présence ne lui avait appris l'existence de particularités de la roulette bien connues des joueurs, et n'avait éveillé chez lui l'envie d'en rechercher la cause. Son seul mobile était d'ailleurs la curiosité d'un esprit qui se complaît à ruminer les parce que des pourquoi qui se présentent.

La recherche à laquelle l'auteur ne pensait consacrer qu'une heure de loisir prit des proportions importantes en même temps qu'elle mettait au jour des lois inattendues. A la fantaisie d'un instant succéda un long travail d'analyse, et finalement, les découvertes de l'auteur furent trop décisives pour qu'il ne songeât pas à en tirer parti. Il a pris ce parti en consultant avant tout ses goûts, et son antipathie pour tout ce qui est jeu lui a fait donner la préférence à un compte rendu de ses travaux, qu'il vend à un prix en rapport avec le fruit que l'acheteur peut en retirer.

Ce livre a donc été écrit en vue de mettre en valeur les travaux auxquels l'auteur s'est livré et les découvertes qui en ont été le résultat. C'est une spéculation commerciale, celle d'un inventeur qui vend son invention au public. Mais il a d'autre part le caractère d'un ouvrage scientifique par la matière qu'il traite et par la manière dont il la traite. Il ne suffit pas au lecteur de le parcourir avec plus ou moins d'attention pour en retirer les services qu'il en attend ; et l'auteur avertit ceux qui seraient tentés de se contenter de cette initiation superficielle qu'ils courraient grand risque de voir l'arme qu'ils ont dans les mains se retourner contre eux. Une demi-science est toujours pire que l'ignorance.

Il faut que le lecteur suive pas à pas les raisonnements de l'auteur ; il faut, pour mieux dire, qu'il les refasse lui-même ; la route à suivre sera jalonnée, et le voyageur pourvu d'une boussole. Il faut qu'il s'exerce longuement et patiemment aux analyses dont ce livre lui donne des modèles ; il faut qu'il ne se laisse rebuter ni par le temps nécessaire pour acquérir l'habitude et l'habileté dans ces opérations, ni par la monotonie de ce travail d'exercice.

Enfin, de même que les jeux de combinaison tels que les échecs ou le jeu de dames veulent qu'on soit doué des facultés combinatives pour y devenir habile, la roulette, réduite à l'état de jeu d'analyse par les travaux de l'auteur, exige de celui qui veut y réussir un certain développement des facultés analytiques. Ces facultés, l'auteur de ce livre ne peut les vendre à personne : pas plus qu'une modiste ne peut fournir à ses clientes un joli visage avec un joli chapeau.

Il faut donc que le lecteur s'interroge. Si un examen de conscience impartial lui dit qu'il est un analyste passable, il peut, sans crainte d'insuccès, appliquer pratiquement les connaissances qu'il aura puisées dans cet ouvrage.

20 novembre 1883.

CHAPITRE Ier

LA COMBINAISON MATHÉMATIQUE DE LA ROULETTE

Si l'on veut soumettre le jeu de roulette à l'examen scientifique, il faut y distinguer deux éléments, savoir :

1° La combinaison mathématique dont les règles du jeu sont l'expression.

2° L'appareil mécanique usité pour appliquer au jeu cette combinaison mathématique.

Dans ce premier chapitre, je parlerai exclusivement du premier de ces deux éléments.

Je ferai d'abord abstraction du zéro, c'est-à-dire que dans tout ce qui suit, je parlerai dans l'hypothèse d'un jeu de roulette dans lequel il n'y aurait pas de zéro.

Un tel jeu consisterait à faire désigner par le sort l'un des nombres de 1 à 36, les joueurs ayant la faculté de faire leur mise sur un nombre quelconque de numéros, et chacun ayant droit à un gain inversement proportionnel ou à une perte directement proportionnelle au nombre des chances par lui courues.

Telle est, dans son ingénieuse simplicité, la combinaison mathématique du jeu de roulette.

* * *

Ainsi que je l'ai dit tout d'abord, cette combinaison est tout-à-fait indépendante de l'appareil en usage pour faire désigner par le sort le numéro gagnant.

Cet appareil n'est autre chose qu'un plateau rond, dont le pourtour est divisé en trente-six parties égales, sur chacune desquelles est peint l'un des trente-six premiers nombres. On fait tourner le plateau sur son pivot, on y jette une boule, et le numéro gagnant est celui sur lequel la boule s'arrête.

Mais rien n'empêcherait d'employer d'autres moyens : il y en a cent par lesquels on pourrait arriver au même but. On pourrait extraire une boule d'un vase fermé renfermant trente-six boules numérotées, comme cela se pratique au jeu de loto. On pourrait encore tirer une carte d'un jeu de trente-six cartes représentant chacune l'un des trente-six premiers nombres. Etc.

Au point de vue de la combinaison mathématique, tous ces procédés seraient indifférents, tous donneraient le résultat voulu : faire désigner par le sort l'un des trente-six premiers nombres.

*
* *

La condition fondamentale à laquelle un jeu de hasard doit satisfaire, c'est d'être équitable. C'est-à-dire que les chances de gains réservées à chacun des joueurs, ou bien au joueur et au banquier, doivent être égales ou proportionnelles aux risques de pertes courus par chacun. Plus le risque de perte de chacun est grand, plus sa chance de gain doit être forte.

Appliquant ce principe au jeu de roulette, on voit de suite qu'en plaçant une mise sur l'un des trente-six numéros, le joueur a une chance de gagner et trente-cinq chances de perdre. Inversement, lorsqu'un joueur fait une mise sur l'un des trente-six numéros, le banquier a trente-cinq chances de gagner et une chance de perdre.

L'équité veut donc que si le joueur gagne, le banquier lui paie trente-cinq fois sa mise. Telle est, en effet, la règle du jeu de roulette.

Ceci peut être dit encore sous une autre forme, que voici :

Si un joueur jouait indéfiniment, en plaçant à chaque coup une mise sur l'un des trente-six numéros, il perdrait en moyenne trente-cinq fois et gagnerait en moyenne une fois sur trente-six coups. Le résultat moyen des coups pour le banquier serait l'inverse. D'où l'on conclut encore que, pour que la balance soit égale pour tous deux, il faut que le banquier paie au joueur trente-cinq fois sa mise lorsque celui-ci gagne ; et c'est en effet ce qui a lieu.

*
* *

Les autres règles du jeu de roulette ne sont pas autre chose que l'application du même principe d'équité au cas où le joueur fait sa mise sur plusieurs numéros au lieu de la faire sur un seul.

Ainsi :

Le joueur peut faire sa mise sur deux numéros, en la plaçant à cheval sur la ligne par laquelle ces deux numéros sont séparés sur le tapis ou tableau. Il a alors deux chances de gain contre trente-quatre chances de perte ; autrement dit, une chance de gain contre dix-sept chances de perte. En cas de gain, le banquier lui paie donc dix-sept fois sa mise.

Le joueur peut faire sa mise sur trois numéros, en la plaçant sur le cadre du tableau, en face d'une ligne transversale de trois numéros. Il a trois chances de gain contre trente-trois chances de perte, ou une chance de gain contre onze chances de perte. En cas de gain, on lui paie onze fois sa mise.

Le joueur peut faire sa mise sur quatre numéros, en la plaçant sur le point auquel ces quatre numéros se touchent. Il a quatre chances de gain contre trente-deux chances de perte, ou une de gain contre huit de perte. S'il gagne, on lui paie huit fois sa mise.

Le joueur peut faire sa mise sur six numéros, en la plaçant sur le cadre du tableau, au point commun à deux lignes transversales de trois numéros chacune. Il a six chances de gain contre trente chances de perte, ou une de gain contre cinq de perte. S'il gagne, on lui paie cinq fois sa mise.

Le joueur peut faire sa mise sur douze numéros, soit en la plaçant sur l'un des trois carrés marqués première douzaine (numéros 1 à 12), deuxième douzaine (numéros 13 à 24), troisième douzaine (numéros 25 à 36); soit encore en les plaçant à l'extrémité du tapis, en face de l'une des trois lignes longitudinales de douze numéros chacune. Il a alors douze chances de gain contre vingt-quatre chances de perte, ou une de gain contre deux de perte. S'il gagne, on lui paie deux fois sa mise.

Enfin, le joueur peut faire sa mise sur vingt-quatre numéros. L'usage lui donne le choix de trois moyens pour cela : il peut jouer sur pair ou impair (deux places du tableau sont réservées l'une aux dix-huit nombres pairs, l'autre aux dix-huit nombres impairs; — ou bien sur manque ou passe (manque est l'ensemble des nombres 1 à 18, passe l'ensemble des nombres 19 à 36; une place du tableau est réservée à manque, une autre à passe); — ou bien enfin sur rouge ou noire, (rouge est l'ensemble des dix-huit numéros peints en rouge sur le plateau de la machine, noire, l'ensemble des dix-huit numéros peints en noir; les numéros rouges alternent sur le plateau avec les numéros noirs.) Que le joueur adopte l'un ou l'autre de ces trois procédés, il joue avec dix-huit chances de gain contre dix-huit chances de perte. S'il gagne, on lui paie somme égale à sa mise.

* * *

J'ai dû faire un peu longuement pour un certain nombre des lecteurs cette énumération de règles qui ne sont pas autre chose que la répétition d'une même règle générale dans divers cas particuliers. J'ajouterai que rien ne serait plus faux que de raisonner du jeu de roulette en prenant pour point de départ la répugnance instinctive que beaucoup de personnes ont, m'a-t-on dit, à faire leur mise sur des numéros isolés ou sur des groupes de quelques numéros seulement. On a en jouant ainsi exactement les mêmes chances de gain et de perte qu'en jouant sur ce qu'on appelle (je ne sais trop pourquoi) les chances *simples*, c'est-à-dire sur pair ou impair, sur manque ou passe, sur rouge ou noire. Si on gagne moins souvent, en revanche les gains sont plus importants et peuvent tout aussi bien compenser les pertes que lorsqu'on joue sur les chances *simples*. J'irai même plus loin, et je dirai que celui qui s'en remet uniquement à sa bonne fortune et à l'observation la plus superficielle du jeu ferait un meilleur raisonnement en plaçant de préférence ses mises sur des numéros isolés. Quelle peut être en effet la raison de la multiplicité des moyens de convention offerts au joueur pour faire ses mises autrement? Pourquoi, par exemple, met-on à sa disposition trois moyens, tous trois plus ou moins de fantaisie, de placer sa mise sur la moitié des numéros, alors qu'un seul suffirait aussi bien? N'est-ce pas un indice que le banquier préfère que l'on joue sur les chances *simples*? Je ne l'affirme pas, mais c'est une question si naturelle qu'il me semble qu'un joueur quelque peu observateur doit se la poser. Et alors, il aimera au moins autant jouer sur les numéros isolés qu'autrement.

Mais ceci n'est qu'une digression. Laissons-la, et résumons tout ce qui précède dans la définition mathématique du jeu de roulette déjà donné en commençant :

Le jeu de roulette sans zéro consiste à tirer au sort par un procédé quelconque l'un des nombres de 1 à 36, les joueurs ayant la faculté de faire leur mise sur un nombre quelconque de numéros, et chacun ayant droit à un gain inversement proportionnel ou à une perte directement proportionnelle au nombre des chances par lui courues.

⁂

Ce jeu serait une expression mathématique du jeu de hasard *absolu*; c'est-à-dire que les chances y seraient absolument égales entre le joueur et le banquier. Après un nombre *fini* de coups, le résultat ne serait dû qu'au hasard ; après un nombre *infini* de coups, joueurs et banquier se retrouveraient dans leurs positions initiales, c'est-à-dire n'auraient ni gagné ni perdu.

Il serait inexact de supposer que des combinaisons quelconques puissent modifier ce résultat. Quelles que soient ces combinaisons, les chances sont toujours égales entre le joueur et le banquier ; de quoi la démonstration mathématique peut être faite pour chacune d'elles.

Tel est le résumé de ce qu'enseignent les mathématiques touchant la combinaison du jeu de roulette. Dans ce livre, destiné à tout le monde, il serait déplacé de donner par le menu des démonstrations qui n'auraient d'intérêt que pour les personnes au courant de la partie des sciences mathématiques nommée *calcul des pro-*

babilités. Je me borne donc à l'énoncé de principes qui précède.

Ces principes renferment implicitement la condamnation de toutes les combinaisons dites *systèmes*, par lesquelles des utopistes ont cherché et cherchent tous les jours à *vaincre le hasard*, pour m'exprimer comme eux.

Ces *systèmes* sont des combinaisons de mises, généralement progressives, au moyen desquelles leurs auteurs visent quelque défaut imaginaire de la combinaison mathématique du jeu, ou bien qu'ils déclarent au moins suffisantes en pratique pour assurer au joueur une supériorité constante sur la banque.

Je m'abstiendrai de m'étendre sur ce qui les concerne. Le plus grand bien qu'on puisse en dire, c'est de ne pas en parler ; d'ailleurs, j'avoue sans difficulté que le peu que j'ai lu du sujet ne m'a pas donné l'envie de pousser plus loin mon instruction de ce côté. Je ne pourrais donc les décrire en pleine connaissance de cause, ce que je ne regrette pas.

*
* *

Comme l'installation d'un jeu de roulette se

fait non pour l'agrément du public, mais en vue d'une exploitation industrielle par le banquier, il était nécessaire d'apporter à l'égalité mathématique des chances entre joueur et banquier un correctif qui fit pencher constamment la balance en faveur du banquier.

Ce correctif, c'est le zéro, — ou les zéros, car il existe des roulettes, à plusieurs zéros.

Le zéro donne au banquier sur le joueur un avantage mathématiquement égal à un trente-septième de chance : c'est-à-dire que dans une roulette à un seul zéro, le banquier joue avec trente sept chances contre le joueur qui n'en a que trente-six.

Dans la roulette à deux zéros, le banquier joue avec trente-huit chances contre le joueur qui n'en a que trente-six. Son avantage se chiffre donc mathématiquement par deux trente-huitièmes, ou un dix-neuvième de chance.

Grâce au zéro, le banquier possède sur l'ensemble des joueurs un avantage constant. Il peut arriver, évidemment, qu'un joueur, jouant pendant un temps déterminé, gagne malgré le zéro, soit parce que ce dernier ne sort pas pendant ce temps, soit parce que, bien qu'il sorte, le gain soit suffisant pour compenser, et au-delà, la perte due aux sorties du zéro. Mais sur l'ensemble des joueurs, ou sur un seul joueur pendant un temps infini, l'effet du zéro est décisif en faveur du banquier.

* * *

Le banquier se réserve sur le joueur un autre avantage mathématique : le maximum. Si le joueur avait la faculté de doubler sa mise au coup suivant chaque coup perdu par lui, il est clair qu'il gagnerait infailliblement ; — bien entendu s'il dispose d'une somme infiniment grande, ou du moins suffisante en pratique pour lui permettre de doubler sa mise lorsqu'il vient déjà de perdre un grand nombre de coups consécutifs, en faisant à chaque coup une mise double de celle du coup précédent.

Ceci rendrait l'exploitation industrielle du jeu de roulette impossible.

Il a donc été introduit dans les règles du jeu une clause en vertu de laquelle la mise du joueur est limitée à un *maximum*, c'est-à-dire à une somme qu'il est interdit de dépasser.

Le chiffre du maximum est fixé par le banquier en se basant sur celui de la plus grande perte qu'il consent à subir lui-même à chaque coup et contre chaque joueur. Par conséquent, ce chiffre varie avec les chances auxquelles il s'applique; il est inversement proportionnel au nombre de chances réservées au banquier, et directement proportionnel au nombre de chances réservées au joueur.

Si, par exemple, le maximum est fixé à 6,000 francs pour les chances simples, il est fixé à 3,000 francs pour les chances de un pour le joueur contre deux pour le banquier; à 1,200 fr. pour les chances de un pour le joueur contre cinq pour le banquier; à 750 francs pour les chances de un pour le joueur contre huit pour le banquier; et ainsi de suite.

*
* *

Indépendamment des deux avantages mathématiques du banquier sur le joueur, le premier en possède des autres, d'ordre physiologique, financier, ou purement pratique.

Les trois principaux sont :

1° L'état d'agitation du joueur en regard de l'impassibilité de la banque.

D'après tout ce que j'ai lu ou entendu dire,

le joueur est sous l'empire d'une surexcitation particulière — ce qu'on a probablement voulu exprimer par la locution usuelle : *la fièvre du jeu*. Il n'est pas complètement en possession de lui-même. Telles ressources qu'il pourrait trouver dans ses facultés en d'autres moments lui échappent devant le tapis vert.

La banque, au contraire, être impersonnel qui n'est représenté au jeu même que par son organisation, par des employés non intéressés, est une puissante machine, qui tourne impassiblement, sans conscience d'elle-même, et broie sans les voir les obstacles qu'elle rencontre sous les solides dents de ses engrenages.

Entre l'homme et la machine, la lutte est inégale.

2º La puissance du capital de la banque en regard de l'insignifiance du capital du joueur.

Insignifiance absolue pour les uns, relative pour les autres. Ne considérons que les plus forts : ceux qui viennent au jeu avec plusieurs centaines de mille francs à leur disposition. Qu'est-ce que cette somme, comparée aux vingt ou trente millions que la banque pourrait, au besoin, étaler pour lui faire face ?

A la première période de malchance quelque

peu longue, le joueur est perdu. La banque, elle, traverserait sans sourciller une période défavorable vingt ou trente fois plus longue. Et qu'on note qu'il y a toute probabilité pour que les périodes défavorables soient moins fréquentes et moins longues pour la banque, puisqu'elle a devant elle non pas un seul joueur, mais l'ensemble, dans lequel les gains des uns sont compensés par les pertes des autres, l'apparition périodique du zéro restant à la banque pour aspirer à son profit une fraction des sommes qui passent sous ses râteaux.

3° L'insatiabilité du joueur heureux.

On ne se retire jamais à temps. Quand on a gagné, on veut gagner encore.

On rapporte que M. Blanc, le fondateur et jusqu'à sa mort l'exploitant du Casino de Monte-Carlo, avait une réponse invariable à ses employés, lorsque, le soir, ceux-ci venaient l'informer qu'un joueur avait gagné de grosses sommes dans la journée.

« Est-il parti ? » demandait M. Blanc.

— « Non » lui répondait-on.

— « Eh bien, répliquait M. Blanc en congédiant son monde — soyez tranquilles, il reperdra demain. »

Inclinons-nous devant l'autorité spéciale de M. Blanc, et posons en fait que le joueur qui quitte la banque avec son gain est l'exception, et celui qui le lui restitue de plein gré la règle.

* * *

Je laisse cet ordre de considérations ; une étude physiologique n'est pas mon affaire, et ne rentre d'ailleurs pas dans ce que j'ai à expliquer au lecteur.

Je résume ce premier chapitre, qui n'est qu'un avant-propos.

J'ai montré qu'au jeu de roulette, les chances seraient toujours égales entre le joueur et le banquier, si le zéro, le maximum, et des causes étrangères au jeu même, ne donnaient une supériorité constante au banquier.

J'ai dit que la combinaison mathématique du jeu de roulette est parfaite, inattaquable, et que c'est folie ou ignorance de chercher à en tirer un avantage constant pour le joueur au moyen de systèmes de mises quelconques.

De ce côté, tout ce que le joueur peut faire, c'est de s'en remettre à sa bonne étoile. Il n'y a pas, il ne peut y avoir de *système* qui vaille celui-là. On peut avoir la main heureuse aussi bien que malheureuse. On rapporte qu'un M. Garcia a gagné jadis à la roulette 4 millions en dix jours, et que mademoiselle Leonide Leblanc, arrivée un beau matin à Hombourg ou à Monaco — je ne sais plus — avec cinquante louis dans son escarcelle, se trouvait le soir même propriétaire de 400,000 francs. J'ignore si M. Garcia a gardé ses 4 millions, et mademoiselle Leonide Leblanc ses 400,000 francs; je n'ai pas eu la curiosité de m'en enquérir.

Il y a des gens qui sont *veinards*, comme on dit en français moderne; heureux, comme on disait au temps où le bon goût prenait ses modèles ailleurs qu'à Belleville. Pourquoi ceux-là ne se confieraient-ils pas à la bonne chance qui semble s'attacher à eux, plutôt qu'à des théories utopiques dont beaucoup d'eux ne sont pas à même de mesurer l'absurdité? Ce serait plus raisonnable.

Il est vrai que si c'est raisonnable, c'est une raison de ne pas le faire. A Monaco, tel qui ne sait pas ce que c'est que la règle de trois parle savamment de *systèmes*; — ce qui n'est d'ailleurs pas plus... singulier que de faire de la politique quand on ignore en quoi la monarchie constitutionnelle hollandaise diffère de la république oligarchique de Venise; — de parler musique quand on ne pourrait distinguer un oratorio de Haendel d'un opéra de Verdi; — ou de jacasser de peinture quand on est tout juste de force à ne savoir distinguer un tableau de Rembrandt d'une toile de Meissonnier. Raisonneurs de *systèmes*, vous êtes en nombreuse compagnie !

Je m'entends. J'ai voulu dire que si l'on veut entreprendre de chercher dans le jeu de roulette quelque élément attaquable, il est inutile de se donner la peine de s'occuper de la combinaison mathémathique du jeu, et qu'il ne faut s'attacher qu'à l'examen de sa mise en œuvre matérielle, de l'appareil mécanique.

CHAPITRE II

L'APPAREIL MÉCANIQUE DE LA ROULETTE

Les appareils de roulette consistent en un plateau rond, qu'on appele le *cylindre*, sur le bord duquel est tracée une division en trente-sept parties égales, portant chacune l'un des numéros 1 à 36 et le zéro.

Si la roulette a deux zéros, la division est faite en trente-huit parties, portant les numéros 1 à 36 et les deux zéros.

A la division du bord du plateau en correspond une autre, également en trente-sept parties, formée par des cloisons disposées radialement sur le prolongement des rayons de la première. Ces cloisons ne vont pas jusqu'au centre du plateau ; elles s'arrêtent à un cercle formé par un relief du plateau, et dont le diamètre est égal à environ la moitié de celui du plateau même.

Le cylindre présente donc à l'œil deux motifs principaux : au bord, une division simplement coloriée, et, à l'intérieur de celle-ci et lui faisant suite, une division en relief, formant trente-sept cases de forme trapézoïdale. C'est dans l'une ou l'autre de ces casses que vient se loger la boule après sa chute sur le plateau.

Le cylindre est monté sur un pivot fixé à l'armature ou bâti de l'appareil. On peut lui imprimer à la main un mouvement de rotation et le faire tourner sur ce pivot.

La partie principales du bâti de l'appareil est un cercle, assis au milieu de la table de jeu sur laquelle il forme une forte et épaisse saillie. La paroi extérieure de ce cercle se dresse droit sur la table ; la paroi intérieure, au contraire, est inclinée ; elle a la forme d'un tronc de cône renversé. Le cylindre est logé au fond du cercle, dont les dimensions intérieures sont telles; que le diamètre de l'arête inférieure du tronc de cône n'est que très légèrement plus grande que le diamètre du cylindre : rien que le strict nécessaire pour que le cylindre ne touche pas le cercle.

La partie extérieure du cylindre, celle qui porte le numérotage, n'est pas plane ; elle est inclinée vers les cases. Elle forme aussi un tronc de cône renversé ; et l'inclinaison en est telle, que ce tronc de cône est précisément le prolongement de celui que forme l'intérieur du cercle-bâti. L'ensemble de l'intérieur du cercle et du bord du cylindre ressemble donc à un entonnoir coupé en deux tranches : la tranche supérieure reste fixe, tandis que la tranche inférieure est mise en mouvement à chaque coup. Le milieu du cylindre, avec le cercle de cases, forme le fond de l'entonnoir.

A la partie supérieure du cercle du bâti est ménagé un étroit rebord, une sorte de banquette circulaire. C'est sur cette banquette qu'on lance la boule ; on la lance de manière qu'elle fasse un certain nombre de fois le tour de la banquette avant de rouler sur la paroi inclinée de l'entonnoir. Dès qu'elle tombe, elle traverse rapidement le plan incliné du bâti et continue sa marche sans interruption sur le plan incliné du cylindre, rencontre au bas de ce dernier l'une des trente-sept cases, et s'y loge. Le numéro placé devant cette case gagne.

Aussi longtemps qu'elle se meut sur la partie fixe de la machine, la boule ne possède que son propre mouvement. Dès qu'elle arrive sur le cylindre, elle en possède deux simultanément : son propre mouvement, qu'elle conserve, et celui du cylindre, auquel elle participe.

La boule peut rencontrer divers obstacles dans sa marche.

En premier lieu, des obstacles créés à dessein. Le cône intérieur du cercle fixe est garni d'un certain nombre de pièces en forme de losange, faisant saillie sur le poli du bois. Si la boule rencontre une de ces pièces dans sa chute, elle est obligée de la contourner, ce qui modifie sa direction, sa vitesse, et le point du cylindre qu'elle rencontrera en quittant le cercle fixe.

En second lieu, les cloisons de séparation des cases. La boule peut arriver à la place des cases précisément au moment du passage d'une cloison. En ce cas, il y a choc de la boule contre l'arête de la cloison; la boule est violemment projetée en arrière, fait un saut, retombe sur le bord du cylindre, se remet à rouler sur la pente, et entre dans une autre case qui se présente à elle. La boule peut, cette fois encore, rencontrer une cloison; alors le même choc, la même projection, le même saut se produisent une seconde fois. La boule peut même faire ainsi trois et jusqu'à quatre sauts avant de trouver à entrer dans une case.

Je viens de dire que lorsqu'elle rencontre une cloison, la boule est projetée *en arrière*. Si la boule avait son mouvement propre dans le même sens que celui du plateau, c'est *en avant* que la cloison la lancerait; mais il n'en est pas ainsi : la boule est toujours lancée en sens inverse du mouvement imprimé au cylindre. L'effet produit sur la boule par la rencontre d'une cloison est le même que celui produit sur une bille de billard par un violent coup de plat de main donné en sens contraire de sa marche : la bille retourne sur ses pas.

Telle est, en substance et sans entrer dans aucun détail, la description du mécanisme et du fonctionnement des appareils de roulette.

J'engage le lecteur à s'en rendre bien compte. Cela présente peut-être quelque difficulté pour les personnes auxquelles la mécanique est peu familière; mais elles doivent surmonter cette difficulté et *voir* nettement le mouvement de la boule. Autrement, il leur serait impossible de comprendre la possibilité des phénomènes dont je les entretiendrai dans la suite de ce livre.

*
* *

J'ai entendu dire, à propos de certaines particularités de sortie des numéros, dont je parlerai plus loin, que beaucoup de personnes croient que les croupiers, à force d'habitude, arrivent à faire tomber fréquemment la boule, — soit à dessein, soit machinalement — dans une case ou une série de cases déterminée. On m'a même assuré que quelques croupiers affirment qu'il en est ainsi — racontar qui me paraît tout à fait invraisemblable.

Je n'hésite pas à dire à *priori*, sans autre forme de procès, que cette croyance est erronée.

L'administration de la banque, on le comprend, prend toutes les précautions possibles pour que le fonctionnement des appareils soit parfait et absolument indépendant de la volonté ou de l'adresse de ses employés.

Ainsi, le sens du mouvement du cylindre doit être changé à chaque coup : c'est-à-dire qu'il est de règle que le mouvement soit imprimé au cylindre d'abord de droite à gauche, puis de gauche à droite, et ainsi de suite.

Ensuite, la boule doit être lancée — ainsi que je l'ai dit — en sens inverse du mouvement de rotation du plateau.

Enfin, on a eu soin de créer sur le chemin de la boule des obstacles qui — je l'ai également expliqué — changent infailliblement le numéro de la case dans laquelle entre la boule, si elle les rencontre.

Comment veut-on que la volonté ou l'habileté de l'opérateur puissent entrer pour quelque chose dans la fin d'une série de phénomènes aussi complexes que celle que comporte la marche de la machine? En supposant à l'employé une adresse véritablement prodigieuse, il faudrait encore, pour qu'il puisse amener un numéro à sa volonté:

1° Que le point de départ du mouvement de rotation ait été recherché par lui, et qu'il place méticuleusement le cylindre dans une certaine position avant de lui imprimer le mouvement;

2° Qu'il donne au cylindre une certaine impulsion rigoureusement déterminée, impulsion dans laquelle la moindre différence modifierait le résultat;

3° Qu'il calcule le moment auquel il lance la boule de telle manière qu'elle se mette en mouvement sur la banquette juste au moment du passage d'un certain numéro du cylindre en face du point de départ de la boule;

4° Que la boule soit lancée avec une vitesse rigoureusement déterminée, sans la moindre différence.

Il n'y a pas d'homme, il n'y a pas de jongleur japonais qui puisse se flatter de jamais arriver à un pareil prodige de dextérité. Et je n'ai pas parlé des chocs à la rencontre des obstacles fixes ou des cloisons, qui mettraient à néant le résultat de ce prodige.

L'habileté des croupiers est simplement une légende. Du reste, ces employés manipulent l'or et l'argent avec une vitesse et une adresse telles, que de bonnes âmes sont excusables de croire qu'ils en font autant pour la machine confiée à leurs soins. On ne prête qu'aux riches.

**

Il est à peine nécessaire de dire que l'administration d'une banque de jeu à un intérêt capital à ne se servir que d'appareils construits avec la plus grande précision et entretenus avec le plus grand soin.

J'ignore quelles précautions sont prises pour l'entretien journalier des appareils de roulette de Monte-Carlo; je crois seulement savoir de bonne source que les appareils sont assez fréquemment remplacés. Le bon sens indique qu'on doit les enlever dès qu'on y remarque la moindre défectuosité, et les réparer, ou, si on ne les juge pas susceptible de l'être, les mettre au rebut.

Il est donc clair qu'il serait inutile au joueur de tenter de spéculer sur une défectuosité visible d'un appareil : j'entends une défectuosité grossière, celle, par exemple, qui produirait constamment la sortie très fréquente d'un numéro pendant une longue période de temps.

On m'a cependant assuré — je ne garantis pas l'exactitude du fait — qu'une association de joueurs a gagné, en 1882, une forte somme en jouant constamment, toujours à la même table, sur certains numéros dont elle avait cru remarquer la sortie plus fréquente.

En admettant même le fait comme vrai, je ne crois pas qu'on puisse en tirer de conclusions, En pareille matière, on ne peut raisonner sur un fait isolé. Le hasard a pu favoriser l'association en question ; ou bien encore il a pu se trouver qu'effectivement, par suite de circonstances quelconques, un appareil défectueux ait été laissé en fonctionnement pendant un certain temps. Mais, je le répète, ce ne serait là, quand même, qu'un fait à considérer comme exceptionnel. Le bon fonctionnement des appareils est pour la banque une condition d'existence *sine quâ non*; on peut donc être certain que toutes les ressources de l'art sont mises en œuvre pour arriver à une justesse irréprochable et qu'espérer surprendre la vigilance de l'administration serait perdre son temps et sa peine. Si les appareils de roulette ont des défauts, ils ne sont pas accidentels, mais permanents; ils ne sont pas le resultat d'une mauvaise construction, mais inhérents à la nature même des instruments en usage; en un mot, il n'y a, il ne doit, il ne peut y avoir que des défauts qu'on ne peut éviter, et qui existeront aussi longtemps que les appareils de roulette resteront ce qu'ils sont.

En pareil cas, il n'y a pas de reproches à faire au constructeur, ni aux préposés. Il n'y a pas défectuosité à proprement parler : il n'y a que phénomène inséparable du fonctionnement du mécanisme lui-même. S'il y a procès à faire à quelqu'un, ce ne peut être qu'aux spectateurs aveugles qui ont pu regarder tourner une machine pendant cent ans sans remarquer comment elle tourne.

*
* *

L'ordre dans lequel les numéros sont placés

sur le pourtour du cylindre n'est pas l'ordre numérique. Supposons le cylindre arrêté avec le zéro en face de l'observateur, et en bas ; si on le fait tourner dans le même sens que les aiguilles d'une horloge, les numéros se présenteront successivement dans l'ordre suivant : 0, 26, 3, 35, 12, 28, 7, 29, 18, 22, 9, 31, 14, 20, 1, 33, 16, 24, 5, 10, 23, 8, 30, 11, 36, 13, 27, 6, 34, 17, 25, 2, 21, 4, 19, 15, 32, 0.

Je parle ici des cylindres des appareils de Monte-Carlo. Je crois qu'il existe d'autres dispositions, mais je ne les connais pas.

En réglant cette disposition, on paraît s'être attaché à distribuer les éléments de chaque sorte de chances aussi également que possible sur tout le pourtour du cylindre. Ainsi :

Les numéros noirs alternent avec les numéros rouges.

Les numéros pairs alternent un à un ou deux à deux avec les numéros impairs.

Les numéros des trois douzaines alternent un à un ou deux à deux.

Les numéros des trois lignes longitudinales du tapis alternent un à un ou deux à deux.

Il est clair qu'on a été préoccupé d'éviter de réunir les éléments d'une même chance d'un seul côté du cylindre. Pourquoi? Si la boule tombe tout-à-fait au hasard dans les cases, la distribution des numéros sur le cylindre est absolument indifférente. Avait-on des doutes à cet égard?

On verra plus loin que si l'on en avait, ce n'était pas sans raison. En tous cas, il est curieux de rapprocher cette question de celle que je posais dans le premier chapitre, à propos de la multiplicité de formes données aux chances simples.

*
* *

Je résume ce second chapitre.

La boule et le cylindre reçoivent un mouvement en sens inverse.

Parfois, la boule se loge dans une case sans avoir rencontré d'obstacles dans sa marche. C'est ce qu'on pourrait appeler le cas régulier; une fois la boule et le cylindre mis en mouvement, les phénomènes mécaniques quelconques dont la résultante finale est la sortie d'un numéro suivent leur cours sans interruption ni altération.

Parfois, au contraire, la boule rencontre un obstacle fixe ou une cloison: alors sa marche est arrêtée, modifiée; les phénomènes mécaniques en voie d'accomplissement sont violemment interrompus, et la résultante du tout, le numéro sortant, subit une altération qu'il serait impossible de soumettre à l'analyse.

A ne considérer même que le cas de descente régulière de la boule, les conditions de sortie d'un numéro sont trop complexes pour que la sortie puisse être influencée par l'opérateur, si habile qu'il soit.

Enfin, les appareils de roulette sont construits et entretenus avec un soin extrême; il ne faut pas attendre — à part peut-être de fort rares exceptions, — d'y découvrir des défectuosités utilisables pour le joueur.

CHAPITRE III

LE MARQUEUR CIRCULAIRE

Au commencement de l'été dernier (1883), me trouvant en compagnie de personnes qui causaient de roulette, j'entendis prononcer ces mots : « *Jouer les voisins.* »

Je demandai ce que signifiait ce vocable, qui m'était inconnu.

« C'est, me dit-on, une observation faite par les joueurs de roulette. Ils prétendent que lorsqu'un numéro sort, il est souvent suivi d'un de ses *voisins*, c'est-à-dire d'un des numéros inscrits à sa droite ou à sa gauche sur le cylindre.

« Je ne sais ce qu'il y a de vrai là-dedans, — ajouta mon interlocuteur ; — mais, de fait, les *voisins* ont de nombreux croyants. Il y a à Monte-Carlo un nombre respectable d'habitués qui en jouent que *les voisins.* »

La roulette m'intéressait fort peu ; pourtant, ce détail qu'on me donnait m'intrigua. Je suis un peu mécanicien, et ces numéros qui sortaient

> « Deux par deux ou trois par trois
> Quatre par quatre quelquefois. »

comme les héros de l'épopée d'Offenbach, me semblaient bizarres. Je demandai à examiner la chose, et l'on m'indiqua une publication qui donnait tous les jours, pour la modique somme de vingt sous, le relevé consciencieux — il n'y en a pas d'officiel — de tous les numéros sortis la veille à Monte-Carlo, table n° 2. Pourquoi la table n° 2 ? Je ne sais.

Passons.

J'achetai donc quelques numéros du « *Marqueur de la Roulette* » et, au premier moment de loisir, je me mis à les examiner.

Le « *Marqueur* » ne me fit remarquer rien du tout. L'histoire des *voisins* se vérifiait bien par ci, par là ; mais, non moins fréquemment, elle ne se vérifiait pas le moins du monde. En somme, il y avait autant d'argent à perdre qu'à gagner à jouer sans relâche sur les *voisins*.

Cependant, il me sembla singulier que la légende des *voisins* se vérifiât avec une fréquence relative. Il me paraissait difficile d'admettre qu'il n'y eût là qu'un pur hasard.

Et puis, je vous dirai — encore que cela ne vous intéresse probablement que peu — qu'étant un peu porté au fatalisme, je ne crois guère au hasard. Ceci soit dit pour livrer en passant un paradoxe intéressant aux réflexions de ceux qui aiment à réfléchir, et qui savent le faire, — ce qui n'est pas la même chose.

Donc, je m'acharnai sur la légende des voisins. Je voulus en avoir raison.

Habitué à tout réduire au simple, je suis mal à l'aise en face du compliqué. Je ne suis *débrouilleur* qu'à condition de trouver au préalable un moyen, un procédé, quelque chose enfin qui *débrouille* à ma place, et qui fasse que je n'aie plus à regarder que de grosses lignes, qui me crèvent les yeux.

La première chose à faire était donc de m'arranger un moyen de notation des numéros relevés par le « *Marqueur* » moyen tel, que les particularités de l'ordre de sortie des numéros, — s'il y en avait — fussent mises en évidence.

Réflexion faite, j'allai trouver un menuisier, et je lui commandai un plateau en bois, rond, d'une vingtaine de centimètres de diamètre, bien raboté des deux côtés.

Cet industriel me fournit, avec mon plateau,

un ouvrier armé d'une vrille, qui me perça sans désemparer cent quarante-huit petits trous aux places que je lui marquai. Je récompensai honnêtement ce brave homme, dont je garde un bon souvenir. Cent quarante-huit trous en une heure, sans une minute d'arrêt !

Je n'eus plus qu'à peindre sur le plateau trente-six numéros et un zéro, disposés dans le même ordre que sur les cylindres des appareils de Monte-Carlo.

Ce qui me donna le plus de difficulté, ce fut de trouver des broches convenables pour l'objet que je me proposais. Je finis pourtant par trouver chez un quincaillier de petits boutons de tiroir qui faisaient assez bien l'affaire. Les poinçons à lettres étant peu connus à Nice, je coupai court à leur manque en barbouillant tout bonnement à l'encre les premières lettres de l'alphabet sur la tête de mes boutons de tiroir.

Et j'avais l'appareil que vous avez aussi, lecteur, — ce qui me dispense de vous le décrire. Regardez-le, ce sera plus court et meilleur. Il est fabriqué d'une manière moins primitive que le mien ; il est en bois d'olivier, que les tabletiers de Nice travaillent presque en artistes ; mais au fond, c'est la même chose.

Quant à la manière de s'en servir, c'est bien simple. Prenez le relevé d'une séance du Casino de Monte-Carlo. Enfoncez la broche A dans l'un des trous en face du premier numéro sorti ; la broche B en face du second, la broche C en face du troisième. Et ainsi de suite. Quand vous aurez enfoncé les douze broches, retirez la première, A, et plantez-la devant le treizième numéro; puis la deuxième, B, que vous planterez en face du quatorzième.

Continuez ainsi aussi longtemps que vous en aurez la patience.

Presque toujours, l'un ou l'autre numéro sort deux fois dans les douze coups ; souvent trois, quelquefois quatre fois. C'est pour cela qu'il y a quatre rangées de trous pour recevoir les broches.

* *
*

Mon instrument fit merveille. Le premier relevé que je fis avec son secours fit défiler sous mes yeux les plus bizarres particularités. A chaque instant, toutes les broches ou à peu près venaient se grouper sur un étroit secteur du plateau. Elles y restaient un peu, puis partaient l'une après l'autre dans tous les sens pour aller bientôt se grouper toutes ensemble, tantôt à la même place que la première fois, tantôt à une autre.

C'était vraiment singulier. Si le hasard seul était l'auteur de ces groupements continuels, il faisait de bien curieux ouvrages. Pour moi, je ne pouvais me résoudre à lui accorder pareils talents. Je ne pouvais admettre qu'il n'y eût pas de causes à cette répétition constante d'une particularité qui, isolée, ne fût déjà pas passée inaperçue. Dès votre premier relevé fait avec votre *marqueur circulaire*, je crois, lecteur, que vous penserez comme moi.

J'étais certainement sur la voie d'une observation non encore faite, dont la légende des *voisins* n'était que l'informe rudiment, la remarque embryonnaire non suivie d'analyse.

Je commençais à me passionner pour mes investigations. J'étais pressé de voir comment elles finiraient.

Mais, quand on étudie un phénomène naturel, ce n'est pas avec des impressions qu'il faut raisonner.

Il fallait me procurer la certitude raisonnée qu'il y avait autre chose que le hasard dans ce que je voyais.

Il y avait un moyen simple d'arriver à cette fin.

Au dos de mon instrument, je traçai la même division que sur la face, J'y fis aussi un numérotage, mais pas celui des cylindres de Monte-Carlo. J'inscrivis les numéros dans leur ordre naturel : 0, 1, 2, 3, 4, 5, 6, 7.... etc.

Je refis mes relevés sur l'appareil ainsi modifié.

Les broches allèrent se planter à droite et à gauche, pêle-mêle. Les groupements disparurent ou à peu près. Je n'aperçus plus rien qui attirât mon attention.

Il était prouvé que l'aveugle fortune n'était pas seule à présider à la distribution des faveurs à la table n° 2 du Casino de Monte-Carlo — celle de mes relevés.

Restait un doute. Cette table n° 2 était peut-être ensorcelée. Sa machine avait peut-être quelque bizarre particularité qui donnait à ses numéros ces allures étonnantes.

Je trouvai des relevés donnés par d'autres publications que le « *Marqueur*. » Il y en avait qui remontaient à deux ou trois ans. Il fallait bien espérer qu'ils ne s'appliquaient pas tous à la même machine.

Je passai ces relevés à mon appareil.

Mêmes particularités, mêmes groupements périodiques qu'à la table n° 2.

J'avais épuisé la série des *mais* et des *si* que commande l'analyse. Saint Thomas lui-même n'eût pu faire plus.

Je pouvais désormais affirmer, avec démonstration par preuve directe et preuve contraire, que :

L'ordre de sortie des numéros de la roulette n'est pas dû au hasard seul. Il existe dans la marche de l'appareil des phénomènes qui produisent périodiquement des particularités dans l'ordre de sortie.

Nous étudierons plus loin ce que sont ces particularités.

*
* *

Il est assez étonnant qu'on n'aie pas eu depuis longtemps l'idée du *marqueur circulaire à diagramme continu* (c'est le nom, un peu long, que j'ai donné à l'instrument dont je viens de vous conter l'histoire). Il ne fallait à coup sûr pas le génie d'un Watt ou d'un Edison pour s'aviser d'un moyen si simple de représenter clairement et commodément l'ordre des numéros sortants à la roulette. Le marqueur circulaire n'est, en somme, pas autre chose qu'une sorte de représentation graphique, un appareil à diagramme, comme on en fait pour presque tout depuis vingt-cinq ou trente ans : diagramme des pressions dans le cylindre des machines à vapeur, diagramme des températures ou des quantités d'eau tombées dans un endroit, diagramme de l'accroissement d'une population, que sais-je ? Tout est diagramme. La roulette avait échappé à la contagion. Elle en est victime à son tour.

Les broches tracent constamment sur le plateau du marqueur circulaire, qui n'est que la reproduction plane du cylindre de la roulette, un dessin de la position des derniers numéros sortis. Elles en fournissent le diagramme continu, qu'on peut étendre à tel nombre de numéros qu'on veut ; il suffit de se servir d'autant de broches qu'on veut observer constamment de numéros.

L'emploi des diagrammes a contribué à faire faire de grands pas aux questions scientifiques auxquelles on les a appliqués, parce qu'ils fournissent un moyen de représentation très clair et très frappant. Ils soulagent l'esprit de l'observateur en le déchargeant de la nécessité d'avoir toujours présents l'ensemble et les détails de la variation de l'objet étudié. Grâce aux diagrammes, l'œil se charge d'épargner cette besogne à la tête; et celle-ci peut consacrer à d'autres efforts la somme de liberté qui lui est restituée.

Il est certain que sans le marqueur circulaire, les observations et les relevés auxquels je me suis livré m'auraient pris quinze ou vingt fois plus de temps; encore est-il probable que la difficulté de voir clairement ce que je voulais observer eût été telle, que j'aurais lâché prise avant d'être arrivé au bout.

* *

Je vous engage à faire vos relevés soit avec dix broches, comme je le fis d'abord, soit avec six broches seulement, comme j'ai fait dans la suite. Il y en a douze dans le coffret qui renferme le marqueur; c'est pour satisfaire ceux qui voudront relever des diagrammes comprenant ce nombre de numéros — ce qui ne serait pas bien utile.

En vous servant de l'instrument, ayez soin de toujours retirer et enfoncer les broches dans leur ordre alphabétique, sans en passer. Après quelques jours d'exercice, vous n'aurez plus aucune difficulté à cela.

Si vous vous trompez dans un moment de distraction, retirez toutes les broches et reprenez votre relevé une douzaine de numéros avant celui auquel vous étiez arrivé.

Je ferai apprécier les services que m'a rendus et que vous rendra cette petite invention, toute simple qu'elle est, en disant que j'ai fini par arriver avec son secours à faire le relevé et l'analyse d'une séance du Casino de Monte-Carlo, d'une longueur moyenne de 550 à 600 coups, en moins de deux heures. Je ne crois pas qu'on puisse faire le même travail avec une simple liste des numéros sortis en moins de douze à dix-huit heures, suivant l'habileté de celui qui le fait. Encore suivrait-on beaucoup moins bien les mille particularités à observer; il serait même plus juste de dire qu'on ne pourrait les suivre.

CHAPITRE IV

ANALYSE DE LA SÉANCE DU 22 JUILLET 1883

Ayant l'opinion qu'on n'apprend rien si bien que par la méthode analytique, je vous invite maintenant à prendre votre marqueur circulaire, et à relever avec moi deux ou trois séances de Monte-Carlo. Nous observerons ensemble tout ce qui se présentera de remarquable dans l'ordre de sortie des numéros; et, ce travail fait, nous en tirerons les conclusions. Les lois se dégageront d'elles-mêmes de l'ensemble des observations, et, lorsqu'ensuite je les formulerai, vous vous serez déjà assurés de la réalité de leur existence.

Il est désirable que vous apportiez au relevé de chaque séance plusieurs heures consécutives d'attention soutenue, c'est-à-dire que vous fassiez d'un seul trait, sans l'interrompre, le relevé de chaque séance.

Quelques définitions et conventions de langage d'abord.

Je me servirai du mot géométrique arc pour désigner une fraction de la circonférence du cylindre sur laquelle se trouve le numérotage; du mot *quadrant* pour désigner le quart de cette circonférence.

Je désignerai les arcs par les numéros entre lesquels ils sont compris; ainsi, l'arc 26 — 29 signifiera : l'arc qui s'étend du n° 26 au n° 29 inclusivement, c'est-à-dire qui comprend les numéros 26, 3, 35, 12, 28, 7 et 29.

J'appelerai axe d'un arc le numéro placé au point milieu de cet arc. Ainsi, l'axe de l'arc 3 — 7 est 12.

Il m'arrivera de désigner un arc simplement par son axe; par exemple, de dire indifféremment l'arc 3 — 7 ou l'axe 12.

J'ai trouvé très commode pour abréger le langage de désigner la position des arcs par les points cardinaux, quand je ne veux la déterminer qu'approximativement. Je dirai donc, comme les géographes et les marins, le Nord, le Sud-Ouest, le Nord-Est, mots qui seront écrits simplement par leurs initiales, suivant l'usage.

Mon langage supposera toujours que le cercle du numérotage soit placé dans la position pour laquelle le marqueur circulaire est construit, c'est-à-dire le zéro en face de l'observateur et en bas.

Cela dit pour n'y plus revenir, prenons la séance de Monte-Carlo du 22 juillet 1883, et faisons-en le relevé avec six broches.

*
* *

Commençons :

19 — 22 — 25 — 6 — 25. Cinq numéros, dont trois dans l'arc quaternaire 6 — 25.

28 — 9 — 33 — 2. Ce dernier touche à l'arc 6 — 25.

13 — 22 — 10 — 33. Les numéros quittent l'arc 6 — 2, et se disséminent; il semble pourtant y avoir tendance vers le N.-E. du cercle.

11 — 15 — 33. La tendance de la boule à tomber vers le N. ou le N.-N.-E. semble continuer.

11 — 33. Elle s'accentue, mais se subdivise entre le N.-N.-O. et le N.-N.-E. Elle semble plus intense au N.-N.-E.

28 — 26 — 28. En tombant dans ces numéros, la boule quitte le N. pour le S.-S.-E.

7. De même.

8 — 10 — 8 — 8. Ici, la boule revient, au contraire au N.-N.-O.

Nous remarquons que jusqu'ici (vingt-six numéros) rien ou presque rien n'est venu aux arcs 30 — 27, 21 — 0, 29 — 1 ; qui représentent réunis plus de la moitié du cercle.

26 — 28. Retournent au S.-S.-E.

On dirait que les broches ont une tendance à se grouper de préférence dans certaines directions principales.

20 — 4 — 32 — 7 — 9 — 7 — 4. Les tendances observées jusqu'ici s'évanouissent ; les numéros semblent d'abord se disséminer, mais on ne tarde pas à voir qu'ils n'ont fait qu'aller se concentrer sur les deux arcs 28 — 9 et 4 — 32.

11 — 12 — 6 — 10 — 0 — 19 — 32. Dissémination vers plusieurs des arcs précédemment fréquentés, puis nouveau groupement de trois numéros sur le dernier, 4 — 32, et sur le zéro, qui y touche.

13 — 13 — 15. Ce dernier fait encore partie de l'arc 4 — 0.

34 — 20 — 6. Quatre broches sont maintenant plantées sur l'arc 13 — 34. Rappelons-nous qu'au commencement nous avons eu une petite concentration de ce côté.

2 — 36. Egalement à l'O., et le second limitrophe à l'arc 13 — 34.

11. Egalement; l'arc s'élargit.

32. Réminiscence vers l'arc 4 — 0.

22 — 22. Réminiscence vers l'arc 28 — 9.

27 — 17. Continuent la concentration à l'O., interrompue par les trois numéros précédents.

0 — 15. Encore le segment 4 — 0.

11 — 34. Toujours l'arc de l'O. Le champ de groupement sur celui-là est plus large que sur les arcs précédemment observés.

1 — 12 — 1. Dissémination.

6. Toujours l'arc de l'O.

30. N'en est pas loin.

28 — 13. Ce dernier encore à l'O. Sur les vingt-cinq derniers numéros sortis, onze, c'est-à-dire bien près de la moitié, sont tombés dans l'arc de l'O. comprenant sept numéros, et deux dans les cases limitrophes. Presque tous les autres sont allés à des arcs déjà favorisés précédemment.

Vous êtes surpris de la clarté avec laquelle votre instrument nous montre tout cela, n'est-il pas vrai?

Reprenons.

32. De l'arc 4 — 0, déjà souvent nommé.

9. L'arc 28 — 9 nous a fourni tout-à-l'heure le 22 deux fois de suite.

26 a déjà paru. De l'arc S.-S.-E.

17. Du grand arc de l'O.

29. De l'arc 28 — 9, cité deux numéros plus haut.

0. Encore l'arc 4 — 0.

11 — 30. Arc de l'O. et numéro limitrophe.

32. Arc 4 — 0.

14 est dans une direction où la boule n'est guère tombée jusqu'ici.

26 est au S.-S.-E.

34. Arc de l'O.

5. Direction dans laquelle nous n'avons pas encore vu grand'chose.

34 — 30 — 15 — 34 — 30. La boule ne sort de l'arc de l'O. que pour tomber une fois dans l'arc 4 — 0. La tendance vers ce dernier, moins intense que vers l'arc de l'O., est pourtant bien marquée.

16 — 5 — 27 — 35 — 14 — 2 — 34 — 36. Les broches se disséminent dans différentes directions ; pourtant, trois d'entre elles viennent encore à l'O. et une autre non loin.

Inutile de vous faire remarquer cette persistance de la boule à se loger dans les cases de l'O. Certes, le hasard peut produire une fois en passant une particularité de ce genre ; mais si nous continuons quelque temps à en observer fréquemment de semblables, il sera clair que le hasard n'est pas seul à diriger la boule.

12 — 10 — 24 — 36 — 16 — 1 — 14 — 24, Toutes les broches, sauf une qui s'est logée au n° 36, ont quitté subitement l'O. et les autres arcs qu'elles affectionnaient pour aller se masser sur un nouvel arc dont l'axe est au N.-E.

22 — 2 — 10 — 7 — 7 — 33. Trois de ces boules sont allées à l'arc 28 — 22, où nous avons déjà rencontré une tentative de concentration. Une autre a suivi la route de l'arc N.-E., comme celles de l'alinéa précédent.

0 — 29 — 0 — 18 — 18. Trois boules à l'arc 28 — 22, et deux à l'arc 4 — 0, déjà souvent nommé.

16. Réminiscence de l'arc N. E. de tout à l'heure.

7. Arc 28 — 22.

31. Est dans la même direction, mais au delà.

5 — 23 — 15 — 6 — 22. Numéros disséminés, mais parmi lesquels le n° 15 et le n° 6 sont compris dans les arcs connus 4 — 0 et de l'O. Ce dernier, où la concentration était tout à l'heure si intense, ne reçoit rien depuis une vingtaine de coups. Le n° 22 fait partie du l'arc 28 — 22, le dernier qui s'est fait remarquer.

6 — 32 — 22 — 0 — 4 — 29 — 28. A part une seconde apparition du n° 6, tous ces numéros sont de l'arc 4 — 0 et de l'arc 28 — 22. Toutes les broches sont massées sur ces deux arcs.

16 — 17 — 10 — 1 — 12 — 24 — 20. Tous ces numéros marquent un retour de la boule au N.-E., excepté le 17 et le 12.

Il se dégage déjà que lorsque la boule prend une de ses directions préférées, elle la suit avec des interruptions pendant un certain temps. Ce temps a été assez long tout à l'heure pour l'arc de l'O.; il a été plus court, mais très appréciable, pour les arcs N.-E. 28 — 22, 4 — 0. Il y a quelque chose de cela dans la légende des voisins, qui n'est que l'observation incomplète — et partant, plutôt nuisible qu'utile — de tout ceci.

15 — 11 — 35 — 10 — 9 — 17 — 19 — 28 — 21 — 5 — 2. Les broches se sont disséminées un peu partout, pour venir ensuite se grouper sur l'arc 17 — 19. C'est la première fois que nous voyons ce dernier; mais nous remarquons qu'à part le 21, ses numéros font partie, les uns de l'arc de l'O., les autres de l'arc 4 — 0.

28 — 12 — 12 — 17 — 26. Nous retrou-

vons l'arc S.-S.-E., apparent au commencement de la séance. Tous ces numéros en font partie, sauf le 17, qui est une réminiscence de l'apparition de l'arc précédent, 17 — 19.

34, qui suit, est à l'O., comme aussi le 17, du reste. L'apparition de l'arc nouveau 17 — 19 n'aurait-elle été due qu'à la présence d'un numéro de l'arc 4 — 0 (le 19), à celle du n° 21, toute fortuite, et à une tendance de la boule vers le bas de l'arc bien connu de l'O., tendance dont la sortie des n°s 17 et 34 nous montre maintenant la suite ? Nous l'apprendrons probablement tout à l'heure.

12. L'arc S.-S.-E. continue à être le dominant du moment.

16 — 16 — 21 — 22 — 20. La boule quitte le S.-S.-E., et va dans différentes directions. Un commencement de tendance vers l'arc N.-E., déjà cité deux fois, se manifeste.

35 — 27 — 22 — 12. Le premier et le dernier de ces numéros montrent que la tendance au S.-S.-E. n'était pas finie. Au contraire, la tendance au N.-E. ne se confirme pas, cette fois.

27 — 32 — 34 — 27. La boule retourne à l'O.
23 — 29 — 29 — 2 — 18 — 23 — 34 — 25 — 2. La tendance à l'O. acquiert une cer-

taine intensité ; elle se concentre dans la partie inférieure de l'arc. On remarque en outre une courte apparition de l'arc 28 — 22.

32 — 15 — 26 — 20 — 6. De ces numéros, les deux premiers appartiennent à l'arc 0 — 4. Le 26 en est limitrophe, mais il appartient à l'arc S.-S.-E. Le 6 est une réminiscence de l'arc de l'O.

Le lecteur a déjà remarqué qu'une tendance bien accusée ne cesse pas brusquement, mais s'éteint le plus souvent, peu à peu, après quelques réminiscences.

12 — 13 — 18 — 3 — 7. Arc S.-S.-E. (qui vient déjà de donner le 26), et arc 28 — 22 qui n'est que de la continuation du premier.

6 — 16 — 11 — 0 — 16 — 13. Encore l'arc de l'O.; la moitié de ces numéros lui appartiennent.

5 — 24. Quatre numéros viennent de paraître dans l'arc N.-E., et dénotent une réapparition de la tendance vers cet arc.

8 — 14 — 32 — 33. Le dernier de ces numéros est dans l'arc N.-E., qui vient de dominer un moment.

12 — 12 — 9 — 12 — 31. Retour à l'arc S.-S.-E.

16. Réminiscence de l'arc N.-E.

25 — 6 — 2. Retour à la partie inférieure de l'arc de l'O.

4 — 12 — 6. Le n° 12 se rattache à l'arc S.-S.-E; le n° 6 à l'arc de l'O.

1 — 5 — 33. Reprise de tendance sur l'arc N-E.

35 — 28 — 9. Arcs S.-S.-E. et 28 — 22, et numéro limitrophe.

36. Réminiscence de l'arc de l'O.

20. Réminiscence de l'arc N.-E.

28. Région du S.-E.

10 — 4 — 36 — 21 — 8 — 33 — 9 — 5 — — 25 — 7 — 21 — 35 — 10 — 8 — 33 — 8. Tous ces numéros sont disséminés un peu partout.

22 — 28 — 1 — 22 — 4 — 7. De ces six numéros, quatre appartiennent à l'arc 28 — 22.

3 — 6 — 4 — 27 — 19 — 11 — 30. Mais cet arc est bientôt abandonné; sur sept boules, quatre vont à l'arc O., partie supérieure.

8 — 9 — 29. Ces deux derniers font retour à l'arc 28 — 22 et au numéro limitrophe.

1 — 4 — 13 — 6 — 11. Les trois derniers nous ramènent à l'arc de l'O., partie supérieure.

12 — 10 — 25 — 36. Encore deux numéros de l'arc de l'O.; la tendance de la boule vers cet arc domine nettement.

7 — 8 — 17. Ce dernier se rattache encore à l'arc de l'O.

14 — 12 — 25 — 32 — 12 — 25 — 11 — 26 — 24 — 15 — 34 — 28 — 23 — 26 — 32. Plusieurs de ces numéros sont encore compris dans l'arc de l'O.; la plupart des autres se trouvent vers le S. du plateau; mais on ne distingue plus de tendance bien nette ni vers l'arc 4 — 0, ni vers l'arc 26 — 12, qui ont précédemment représenté à divers moments les tendances vers ce côté du cylindre.

35 — 12 — 35. La tendance s'accentue vers le S.-E., aux environs de l'arc 28 — 22.

33 — 5 — 29 — 7. Les n°s 29 et 7 font partie de l'arc 28 — 22, qui semble maintenant s'étendre vers la gauche jusqu'au n° 35. Il tend à se confondre avec l'arc que nous avons appelé jusqu'ici arc S.-S.-E.

2 — 21 — 12. Ce dernier numéro confirme ce qui vient d'être dit.

21. Nous remarquons trois broches groupées sur les numéros 2 et 21.

33 — 30 — 31 — 24 — 32 — 21 — 35 — 21. Directions diverses. Le n° 21 s'est encore répété deux fois, et nous avons marqué le 32, appartenant à l'arc 4 — 0 dont le n° 21 est limitrophe.

6 — 26 — 10 — 16 — 18 — 3 — 3 — 27. Directions diverses. Une faible concentration sur l'arc S.-S.-E. ne fait que passer.

23 — 5 — 22 — 24 — 23. Sauf le 22, tous ces numéros font partie d'un arc 24 — 23 qui est le prolongement au N. de l'arc N.-E. plusieurs fois observé précédemment, et dont les n°s 24 et 5 faisaient partie.

29 — 31. Avec le 22 qui vient de paraître, le n° 29 appartient à l'arc 28 — 22, sur lequel aucune manifestation ne s'est produite depuis quelque temps.

14 — 28. Ce dernier numéro fait partie du même arc.

33 — 23. Ce dernier, réminiscence de l'arc 24 — 23.

2 — 22 — 28 — 22 — 14. Confirmation de la tendance vers l'arc 28 — 22.

11 — 15 — 15 — 12 — 6 — 20 — 13 — 29 — 22. Directions diverses. On y retrouve des traces de la tendance vers l'arc 28 — 22.

1 — 33 — 9 — 12 — 16 — 26 — 9. Dans le n° 20 paru plus haut et dans trois des numéros de cette rubrique, se retrouve encore une fois l'arc N.-E., souvent cité. Il reste encore des traces de tendance vers l'arc 28 — 22.

21 — 16 — 26 — 17 — 0 — 16 — 17 — 34 — 13. Après une dissémination dans laquelle apparaissent les restes de la tendance signalée sur l'arc N.-E., plusieurs broches sont venues se masser sur l'arc de l'O. qui n'avait pas paru depuis quelque temps.

32 — 28 — 20 — 27. Ce dernier est à l'arc de l'O.

10 — 31 — 7 — 35 — 0 — 36 — 11 — 15 — 34. La boule se dirige un moment vers les arcs S.-S.-E. et 28 — 22, mais quittant de suite cette direction, elle revient à l'arc de l'O.

19. Appartient à l'arc 4 — 0, ainsi que le 0 et le 15 qui viennent de sortir. Mais la tendance vers cet arc, assez intense au commencement de la séance, paraît s'être évanouie ou du moins fort affaiblie ; on va voir que la tentative de concentration qui vient d'apparaître n'aura pas de suites.

16 — 7 — 22 — 16 — 29 — 33. Toutes les broches vont se concentrer, moitié sur l'arc 28 — 22, moitié sur l'arc N.-E. Mais ni l'une ni l'autre de ces deux concentrations n'est durable, car dans les coups suivants :

34 — 14 — 30 — 36 — 4 — 12 — 36 — 27, la boule retourne à l'arc de l'O., auquel appartiennent cinq de ces huit numéros.

18 — 4 — 3 — 14 — 32 — 27 — 35 — 35 — 12. Coups pendant lesquels s'effectue une concentration sur le secteur S.-S.-E. Le sixième a fourni un rappel de la dernière tendance à l'O.

17 — 31 — 20 — 13. Ces quatre coups renferment encore des traces de tendances à l'O.

7 — 26 — 7 — 13 — 25 — 7. Reprise de la tendance vers l'O.; de plus, continuation de la tendance vers l'arc S.-S.-E., élargi du numéro limitrophe 7.

8 — 17 — 30 — 13. La tendance est revenue franchement à l'O.; toutes les broches, sauf une, sont massées de ce côté.

7. Réminiscence de la dernière tendance.

6. Encore à l'O.

24 — 19 — 3 — 22 — 33 — 4 — 12 — 4 — 33 — 7 — 5 — 3 — 7 — 12. Après une dissémination pendant laquelle ont apparu périodiquement des numéros de l'arc S.-S.-E., la tendance s'est nettement accusée vers ce dernier arc, et probablement aussi vers son prolongement, l'arc 28 — 22.

1 — 18 — 28. Ces deux derniers sont, en effet, à l'arc 28 — 22. Ainsi que cela a été observé tout à l'heure, ce dernier arc et l'arc

S.-S.-E., ou du moins la partie supérieure de ce dernier, paraissent maintenant se confondre.

21 — 14 — 5 — 9 ne donnent lieu à aucune mention, si ce n'est que le 9 est sorti, depuis quelque temps, plusieurs fois vers les moments de tendance sur l'arc 28 — 22.

26 — 23 — 35 — 17 — 35 — 30 — 26. Confirmation de la tendance vers l'arc S.-S.-E., auquel appartiennent cinq des neufs numéros de cette rubrique.

22 — 0 — 12. La même tendance continue. Notons la sortie du 0., limitrophe à l'arc S.-S.-E.

5 — 15 — 16 — 9 — 35. Les broches se disséminent. Ce dernier numéro revient à l'arc S.-S.-E., le dernier remarqué.

22 — 2 — 25 — 14 — 2. Faibles indices de concentration d'une part sur un arc 22 — 14, d'autre part sur les n°s 2 et 25. On va voir qu'ils n'auront pas de suites.

0 — 30 — 11 — 19 — 36 — 32 — 4 — 8 — 11 — 0. Tous ces numéros appartiennent à deux arcs entre lesquels les broches se répartissent : le haut de l'arc de l'O., avec le n° 8 qui s'y est joint, et l'arc 4 — 0, sur lequel nulle tendance ne s'était montrée depuis longtemps.

3 — 32. Ce dernier à l'arc 4 — 0.

7 — 20 — 32. En même temps que la tendance continue sur l'arc 4 — 0, elle s'étend ou dévie vers l'arc adjacent, celui du S.-S.-E.

26. Confirme ce qui vient d'être dit.

7. La tendance se porte tout-à-fait au S.-S.-E.

13 — 31 — 13 — 11 — 17. Nouvelle édition de la tendance à l'O., déjà si souvent observée.

35 — 4 — 12. Deux de ces numéros montrent que la tendance vers le S.-S.-E. subsiste encore.

29 — 17 — 29. Le double 29, avec le 35 et le 12 qui viennent de sortir, représentant un arc composé par moitié de fractions des arcs S.-S.-E. et 28 — 7. C'est la répétition d'une observation déjà faite deux fois récemment. Le n° 17 est à l'arc de l'O.

11 — 19 — 11 — 17. Retour à l'O.

31 — 32 — 16 — 26 — 1 — 4 — 4. Nouvelle concentration du côté de l'arc 4 — 0, mais intense surtout vers le haut.

33. Quelques boules sont tombées dans l'arc N.-E., peu en vue depuis quelque temps.

12 — 9 — 21 — 36 — 21. Le 12 ainsi que le 26 de la rubrique précédente rappellent l'arc S.-S.-E. Le n° 21, qui vient de sortir deux fois,

est limitrophe de l'arc 4 — 0 et paraît maintenant s'y rattacher.

16 — 33 confirment la tendance vers l'arc N.-E.

5 — 23, également; ce dernier nous rappelle de plus qu'il est arrivé il y a quelque temps que la tendance de ce côté a dévié tout-à-fait au N., de 24 à 23.

19. Réminiscence de l'arc 4 — 0 ou 21 — 0. 16 se rapporte à l'arc N.-E.

30 — 27 — 0 — 8 — 0 — 9 — 15. La tendance vers l'arc 4 — 0 reprend. Il se montre aussi quelques indices de tendance vers l'O.

33 — 1 — Réminiscences de la dernière tendance (arc N.-E.)

13 — 6 — 31 — 27 — 26 — 8 — 34. Le nouveau retour de la tendance à l'O. se confirme.

28 — 16 — 15 — 28 — 7. Nouvelle manifestation vers l'arc du S.-E,

0 — 16 — 17 — 3 confirmée par ce dernier numéro,

18 — 24 — 35 et par le n° 35.

24 — 5. Indiquent, en tenant compte du 16 et du 24 sortis dans les deux rubriques précédentes, une nouvelle manifestation de la tendance au N.-E.

34 — 4 — 12 — 20 — 16. Ces deux derniers confirment cette manifestation. Le n° 12 est une réminiscence de la tendance précédente (arc S.-E.)

18 — 20. Le second fait encore partie de l'arc N.-E.

36 — 17 — 32 — 28 — 30 — 18 — 10 — 29 — 29. Après de légers symptômes d'inclinaison vers l'O., les boules sont venues se concentrer dans l'arc 28 — 22.

27 — 15 — 28. Ce dernier audit arc.

20 — 10 — 25 — 5 — 6 — 15 — 3 — 24 — 19 — 12 — 7 — 7. Plusieurs numéros du S.-S.-E ne tardent pas à se mêler à ceux de l'arc 28 — 22. C'est la quatrième fois que nous faisons cette remarque.

30 — 3. Ce dernier sur l'arc S.-S.-E.

6 — 22 — 9. Le n° 22 dans l'arc 28 — 22, et le n° 9 limitrophe à ce dernier auquel il semble actuellement se rattacher.

34 — 10 — 11 — 34. Symptômes de disposition à aller à l'O.

35. Réminiscence de la dernière tendance (S.-S.-E.).

19 — 4 — 2 — 4. Concentration sur les

deux premiers numéros de l'arc 4 — 0 et sur le numéro quasi-limitrophe 2.

4 — 34 — 19 — 17 — 7. La concentration continue de ce côté ; toutes les broches y sont massées; seulement il semble s'être opéré une fusion du bas de l'arc de l'O. avec la pointe de l'arc 4 — 0, par l'entremise du n° 2.

22 — 11 — 36 — 19 — 14 — 6 — 28 — 0 — 27. Les choses se rétablissent dans l'ordre auquel les précédents nous ont habitués. La tendance signalée à la précédente rubrique s'est divisée ; une partie des boules s'est portée sur toute l'étendue du large arc de l'O.; d'autres sont allées au 19 et au 0, dans le segment 4 — 0. Il y avait eu fortuitement manifestation de tendance simultanée sur ces deux arcs, à leurs extrémités à peu près adjacentes, ce qui produisait l'apparence d'une concentration sur un arc formé de ces deux extrémités soudées ensemble!

22 — 22 — 22 — 31. Comme le n° 9, le n° 31 commence maintenant à sortir en même temps que les numéros supérieurs de l'arc 28 — 22.

34 — 11 — 28 — 31 — 23 — 29 — 31. L'observation faite à l'alinéa précédent se confirme.

36 — 15 — 19 — 22. Ce dernier au même arc 29 — 31.

34 — 8 — 7 — 6. — Il se manifeste une reprise de tendance vers l'arc de l'O.; elle est interrompue par la clôture de la séance.

*
* *

Cette séance n'offre rien de bien remarquable. Au contraire, je l'ai prise à dessein parmi celles qui n'offrent pas de saillies tout-à-fait frappantes. Le lecteur le verra lorsqu'il aura refait lui-même les six mois de séances dont les relevés accompagnent ce livre.

Et cependant l'analyse qui précède montre immédiatement que la séance offre une succession presque continue de particularités qu'on ne peut méconnaitre.

Il s'en dégage de suite un fait capital. Les choses se passent comme si le cylindre était divisé en zones. La boule se dirige vers chacune de ces zones tour à tour, tombant pendant quelque temps fréquemment dans l'une d'elles pour la délaisser ensuite et marquer la même prédilection pour une autre zone.

Ces zones sont de grandeurs inégales. Celles que nous avons reconnues dans l'analyse qui vient d'être faite comprennent au moins quatre numéros. La plus grande, celle que j'ai nommée l'arc de l'O., comprenait neuf numéros, du 25 au 30. La plupart comprenaient habituellement cinq ou six numéros.

La tendance de la boule à se diriger vers une zone se manifeste plus fréquemment pour les unes, moins fréquemment pour les autres. Dans le relevé ci-dessus, elle s'est manifestée le plus souvent pour l'arc de l'O., puis pour le segment du S.-S.-E. ; pour ce dernier, surtout dans la seconde partie de la séance. L'arc 4 — 0 a été souvent favorisé au commencement de la séance ; il n'en a guère été question au milieu de la séance, mais à la fin, il a retrouvé une ou deux périodes de faveur. L'arc N.-E, comprenant les n°s 5 à 20, a été mis en évidence plusieurs fois, à divers moments de la séance. Enfin, la boule a eu, à la fin de la séance, une période de tendance vers l'arc 29 — 31.

L'intensité de la tendance de la boule à se diriger vers les différentes zônes diffère autant que la fréquence. Nous n'avons pas, dans cette séance, rencontré de tendance très intense vers aucune direction. On a cependant observé qu'elle était le plus marquée pour l'arc de l'O. et pour l'arc S.-E., c'est-à-dire pour les deux arcs le plus fréquemment affectés.

Les zones sont, en général, nettement délimitées. L'arc de l'O. comprenait les numéros 25 à 30. Ordinairement la tendance à s'y diriger se manifestait d'abord sur une partie seulement de sa largeur; puis elle s'étendait soit sur le reste, soit sur toute la zone. La zone 4 — 0 a constamment compris les n°s 4, 19, 15, 32, 0; vers la fin de la séance le numéro limitrophe 21 a paru s'y joindre. La position de l'arc S.-S.-E. a été d'abord un peu indécise; mais elle s'est vite fixée du 26 au 28. A ces cinq numéros s'est ajouté, après le premier quart de la séance, le n° 7, qui, de même que le n° 28, se rattachait également à l'arc 29 — 31. A la fin de la séance, ces arcs se sont fondus, et une nouvelle division des arcs de tendance dans cette région a semblé se préparer.

L'arc N.-E. comprenait les numéros 20 à 10. C'est surtout vers la partie N. de l'arc, c'est-à-dire vers les n°s 16, 24 et 5 que se manifestait la tendance. Deux fois, le n° 10 a été dépassé, et il s'est formé passagèrement un arc 24 — 23 ou 16 — 23.

Nous allons voir les mêmes faits ressortir de la séance suivante, que nous analyserons de la même manière.

CHAPITRE V

ANALYSE DE LA SÉANCE DU 23 JUILLET 1883

30 — 23 — 20 — 8 — 30. De ces cinq numéros, quatre sont juxtaposés dans un arc au N.-O., où nous n'avons rien vu de remarquable dans la séance précédente. Les numéros 30 et 8 paraissaient à peu près aux moments de tendance à l'O., mais ils sortaient peu.

35 — 8. Ce dernier fait partie du même arc.

18 — 4 — 30. Ce dernier également. Six boules sur dix ont atteint cet arc, sans dépasser l'étendue du terne 23 — 8 — 30.

18 — 0 — 29 — 9. Avec le 18 de la rubrique précédente, quatre boules sur sept viennent de tomber dans un arc dans lequel nous reconnaissons de suite l'arc 29 — 31 de la fin de la séance précédente.

2 — 32 — 2 — 1 — 24 — 19. Cinq boules sur neuf sont tombées dans l'arc 2 — 0, qui correspond à l'arc 4 — 0 d'hier agrandi des n°ˢ 21 et 2. On se rappelle que le n° 21 a été signalé

dans la seconde moitié de la séance précédente comme se rattachant probablement à l'arc 4 — 0.

20. Symptômes de tendance vers l'arc N.-E. d'hier. Nous allons voir qu'ils n'auront pas de suite.

8 — 3 — 31 — 17 — 27 — 4 — 9 — 17 — 6. Après une réminiscence vers l'arc 2 — 0 et une autre (deux boules) vers l'arc 29 — 31, quatre broches sont venues se masser sur l'arc 27 — 17, qui n'est autre que la partie inférieure du grand arc qui, hier, se détachait si fréquemment sous le nom d'arc de l'O.

23 — 32 — 15 — 4. Trois boules sur quatre retournent à l'arc 2 — 0.

14 — 13. Ce dernier limitrophe à l'arc 27 — 17, avant-dernier cité.

11. Situé non loin de l'arc 27 — 17; faisait partie hier, avec ce dernier, du segment de l'O.

14 — 23 — 7 — 35 — 16 — 0 — 7. Une tendance vers un arc 35 — 7 (probablement l'arc 26 — 7 ou S.-S.-E. d'hier) se manifeste avec une médiocre intensité.

27 — 16 — 15 — 10 — 13 — 7 — 21 — 26 — 31 — 29 — 19 — 3 — 0. Les broches s'éparpillent, puis viennent se concentrer dans un arc

19 — 3, composé de parties des arcs 2 — 0 et 26 — 7.

11 — 16 — 36 — 15. Ce dernier fait partie de l'arc 19 — 3.

36 — 18 — 10 — 21 — 3. Nous notons pour mémoire une insignifiante concentration sur les n°⁸ 11 et 36, qui sont le prolongement de l'arc 13 — 17, et nous remarquons les n°ˢ 11 et 3, qui augmentent les doutes sur l'arc 19 — 3, dernier remarqué. Les arcs 4 — 0 (ou 2 — 0) et 26 — 7 se sont-ils soudés, ou bien y a-t-il eu tendance vers les deux simultanément, et reprendront-ils plus tard leur autonomie ?

18 — 30 — 22 — 22. Quatre boules sur huit viennent d'échoir aux n°ˢ 18 et 22, faisant partie de l'arc 29 — 31, déjà nommé.

23 — 31 — 31. Encore deux boules à l'arc 29 — 31.

7 — 32 — 14 — 9. Ce dernier également à l'arc 29 — 31. De plus, les n°ˢ 7 et 14 sont limitrophes à ses deux extrémités. La tendance vers cette partie du cylindre est bien marquée.

8 — 19 — 29. Nouvelle sortie d'un numéro de l'arc 29 — 31.

11 — 16 — 15 — 21. Une certaine tendance vers l'arc 2 — 0. On remarque le 21 parmi

les quatre numéros sortis qui s'y rapportent.

5 — 19. Ce dernier au même arc.

12 — 28 — 1 — 31 — 5 — 34 — 4 — 16 — 29 — 32 — 25 — 4. Aucun arc ne domine; pourtant les broches viennent en partie se grouper du côté de l'arc 2 — 0.

10 — 18 — 29 — 24 — 16 — 24. Les broches sont venues se grouper sur l'arc 16 — 10, portion de gauche de l'arc bien connu du N.-E.

2 — 1. Ce dernier également dans l'arc N.-E.

19 — 30 — 20 — 20. Ces deux derniers encore à l'arc 20 — 5. La tendance a passé de la partie supérieure à la partie inférieure de cet arc.

23 — 8. Avec le n° 30 de la rubrique précédente, ces deux numéros constituent le petit arc 30 — 23, le premier remarqué dans cette séance. Nous ignorons encore s'il est autonome ou bien s'il se rattache à un arc plus étendu.

29 — 36. Ce n° 36 pourrait bien être un indice que l'arc précité se rattache à la partie supérieure de l'arc de l'O. d'hier. Du reste, les n°s 30 et 8 faisaient partie de ce dernier, comme cela a été rappelé tout à l'heure.

6 — 21 — 36. Ce dernier, et le n° 6 qui n'est

pas loin, achèvent de nous convaincre que l'arc 23 — 8 — 30 se prolonge plus bas.

5 — 22 — 11. Le 11 nous affermit encore dans cette conviction.

15 — 20 — 27 — 9 — 36, ainsi que le 27 et le 36. C'est bien ce que nous avons remarqué hier sur l'arc de l'O. ; une tendense intence, mais errante sur l'étendue d'un quadrant. Seulement elle s'est portée plus au N., soit sur le quadrant N.-O.

22 — 7 — 19 — 5 — 32 — 8 — 5 — 0. Légère tendance vers l'arc 21 — 0 ; la suite montre qu'elle ne fait que passer.

17 — 30 — 20 — 10 — 16 — 3 — 33. La tendance s'est portée de nouveau vers l'arc N.-E. (20 — 5). Comme tout à l'heure, le n° 10 a également été atteint.

14 — 12 — 27 — 9 — 34 — 30 — 14. Le 14 deux fois répété, limitrophe au 31, et le 9 semblent indiquer une disposition de la boule vers l'arc 29 — 31.

17. Il y a des symptômes de tendance vers l'arc 27 — 17, déjà observé.

29 — 31 — 31. La tendance vers l'arc 29 — 31 s'est accentuée.

28 — 35. Appartiennent au même quadrant,

et l'on se rappelle qu'hier, l'arc 26 — 7 dont ils font partie était presque toujours accompagné de la sortie de numéros appartenant à l'arc 29 — 31. Aujourd'hui, au contraire, c'est principalement sur l'arc 29 — 31 que se manifeste la tendance vers ce quadrant; l'arc 26 — 7 ne s'est pas encore détaché une seule fois.

32 — 2 — 2 — 10 — 31 — 5 — 34 — 11 — 4 — 4 — 16 — 27 — 1 — 4. Rien de saillant. On remarque pourtant que de ces quinze numéros, six appartiennent à l'arc 2 — 0, qui continue à paraître périodiquement.

34 — 7 — 25 — 21. Ce dernier également à l'arc 2 — 0.

12 — 20 — 13 — 1 — 0 — 2 — 34 — 32 — 19. Nouvelle tendance vers l'arc 2 — 0.

23 — 14 — 24 — 28 — 24 — 18 — 27 — 28 — 30 — 1 — 31 — 23 — 29. Légers symptômes de tendance vers l'arc 29 — 31, et en même temps double sortie du n° 28, appartenant à l'arc adjacent 26 — 7.

1 — 0 — 30 — 17 — 27 — 32 — 21 — 34 — 34. Concentration sur l'arc 17 — 27, déjà nommé.

21 — 32. Autre concentration sur l'arc 21 — 32, partie centrale de l'arc 2 — 0.

28 — 33 — 31 — 12 — 17. Ce dernier, rémi-

niscence de la tendance vers l'arc 17 — 27.

12. Trois broches sont venues se grouper sur l'arc 26 — 7.

9 — 1 — 6 — 24 — 35. Ce dernier à l'arc 26 — 7. En même temps ont paru les n°ˢ 31 et 9, de l'arc limitrophe 29 — 31.

6 — 18 — 29. Ces deux derniers, également à l'arc 29 — 31.

16 — 6 — 36 — 32 — 7 — 31 — 29 — 3. Les arcs 26 — 7 et 29 — 31 continuent à dominer, sans pourtant qu'il y ait de concentration bien nette sur l'un ni sur l'autre.

33 — 17 — 15 — 7 — 17 — 25 — 7 — 17. Triple répétition du n° 17 et sortie du n° 25, qui le suit. Le tout semble se rattacher à l'arc qu'on a déjà remarqué à plusieurs reprises sous la désignation de 27 — 17. La tendance vers l'arc 26 — 7 s'est encore manifestée par la sortie du n° 7, deux fois.

11 — 19 — 1 — 9 — 33 — 30 — 22 — 18. La tendance retourne nettement à l'arc 29 — 31.

34 — 18. Ce dernier à l'arc 29 — 31.

23 — 1 — 27 — 27 — 29. Le même arc obtient encore une boule ; d'autre part, quelques symptômes se manifestent sur l'arc 27 — 17.

23 — 0 — 10 — 26 — 7 — 33 — 32 — 0. Ten-

dance sur la pointe inférieure de l'arc 2 — 0. Le numéro adjacent 26 reçoit également une boule; mais la sortie immédiate du n° 7 montre que le 26 ne se rattache pas à l'arc 2 — 0, mais est dû à une légère tendance dirigée simultanément vers l'arc 26 — 7.

17 — 20 — 14 — 4. Ce dernier marque la continuation de la tendance vers l'arc 2 — 0.

8 — 0. Ce dernier également à l'arc 2 — 0.

8 — 10 — 23. Concentration sur l'arc connu 30 — 23, auquel s'est joint cette fois le n° 10.

1 — 24. La présence du n° 10 était due à une tendance simultanée vers l'arc N.-E., auquel on a déjà observé que le n° 10 se rattache.

30. A l'arc 30 — 23. Toutes les broches sont parquées dans le quadrant N.

1. A l'arc 20 — 5.

9 — 21 — 16. Ce dernier également à l'arc 20 — 5. Mais les broches se disséminent.

31 — 22. Remettent en relief, avec le 9 de la rubrique précédente, l'arc bien connu 29 — 31,

14, auquel semble cette fois s'ajouter le numéro limitrophe 14.

25 — 9. La tendance vers l'arc 29 — 31 se confirme,

27 — 23 — 24 — 9; et donne encore un signe d'existence.

21 — 32 — 34 — 30 — 3 — 36 — 10 — 27 — 6 — 25. Cinq de ces boules tombent dans l'arc connu 17 — 27 ou 17 — 13, auquel s'ajoutent cette fois les numéros limitrophes 36 et 25.

4 — 20 — 28 — 1 — 18 — 19 — 12 — 9. La tendance dominante se reporte vers les arcs 26 — 7 et 29 — 31.

5 — 29. Elle se concentre sur leurs deux extrémités adjacentes,

2 — 5 — 16 — 35 — 28, ainsi que le confirme encore la sortie des nᵒˢ 35 et 28.

16. Cependant des symptômes de tendance se sont déclarés à la pointe supérieure de l'arc 20 — 10,

23 — 30, et presque simultanément, comme la fois précédente, sur le petit arc adjacent 23 — 30,

32 — 21 — 15 — 7 — 36 — 12 — 6 — 16 — 14 — 21 — 30 — 33, mais ces tendances ne se confirment guère, et les broches s'éparpillent un peu partout.

27 — 15 — 21. Puis il semble naître une tendance sur l'arc connu 2 — 0,

1 — 19, ce que confirme ce dernier numéro.

3 — 10 — 26 — 15, ainsi que la sortie du nº 15,

31 — 2 — 34 — 8 — 19 — 21, et celle des numéros 2, 19 et 21.

31 — 3 — 35 — 11 — 30 — 10 — 36. La boule quitte l'arc 2 — 0, et se dirige au N.-O. La position de l'arc affecté de ce côté n'est pas bien nettement déterminée. On remarque pourtant que le n° 36 sort souvent à peu près aux moments où l'arc 23 — 30 se détache. Cette fois le n° 11, qui forme la liaison, a été atteint.

2 — 7 — 33 — 20 — 2 — 13 — 35 — 29 — 21 — 8 — 2 — 18 — 21. Succession confuse, dans laquelle on distingue cependant la sortie fréquente des numéros formant la pointe supérieure de l'arc 2 — 0, où trois broches finissent par se grouper.

27 — 21. La tendance vers ce point s'accuse.

9 — 18. Réapparition de l'arc connu 29 — 31.

24 — 23 — 2. Ce dernier encore à la pointe de l'arc 2 — 0,

5 — 4, auquel appartient également le n° 4.

22 — 18. Confirment la tendance qui vient d'être remarquée vers l'arc 29 — 9.

1 — 0 — 33 — 27 — 19 — 28 — 5 — 4 — 1 ne présentent qu'une suite assez confuse, où l'on discerne à peine quelques traces de tendances vers l'arc 20 — 5.

17 — 26 — 36 — 10 — 36 — 35 — 30. Peu à peu une tendance s'est déclarée vers l'arc

36 — 23 (ancien 30 — 23 auquel on se rappelle que sont venus s'annexer les n⁰ˢ 36 et 11). On remarque le n° 10, déjà sorti deux ou trois fois précédemment en même temps que cet arc, bien qu'il se rattachât auparavant à l'arc 20 — 5 ou du N.-E.

29 — 17 — 24 — 21 — 11. Directions diverses. Le 11 est une réminiscence de la tendance vers l'arc 36 — 23.

24 — 22 — 6 — 31 — 9. Une nouvelle concentration s'opère sur l'arc 29 — 31.

33 — 29. Elle s'accentue.

8 — 0 — 29. Elle continue et devient plus intense vers la partie inférieure de l'arc.

24 — 36 — 7 — 30 — 12 — 22. Elle dévie vers la partie adjacente de l'arc 26 — 7 (ce qui est déjà arrivé récemment), mais ne quitte pas tout à fait l'arc 29 — 31.

✢ 32 — 1 — 25 — 16 — 35 — 25 — 1 — 12 — 7. La tendance continue vers l'arc 26 — 7; mais elle a diminué d'intensité. En même temps il s'en est produit une vers l'arc 20 — 5.

6 — 23 — 5. Ce dernier également à l'arc 20 — 5.

0 — 11 — 36. Tendance vers l'arc 36 — 23. Les apparitions de cet arc ont déjà plusieurs fois

précédé ou suivi celles de l'arc voisin 20 — 5.

36. Cette tendance continue.

30. Encore.

0 — 30 — 32 — 10. Nous avons déjà remarqué la sortie du n° 10 aux moments de tendance tantôt vers l'arc 36 — 23, tantôt vers l'arc 20 — 5.

16 — 15. Les broches se portent vers l'arc connu 2 — 0.

35 — 4. Ce dernier audit arc 2 — 0.

21. Egalement.

34 — 12 — 0. Le 0 en fait aussi partie.

35. Il y a des symptômes de tendance vers l'arc 26 — 7.

Tout à l'heure toutes les broches étaient au N. du cylindre, maintenant toutes sont au S. Nous avons signalé la fréquence de ce fait en résumant la séance précédente.

31 — 20 — 34 — 23 — 29. La tendance se dirige de nouveau vers l'arc 29 — 31.

6 — 15 — 13 — 27. Trois boules tombent dans l'arc 17 — 13. Mais cet arc, observé deux ou trois fois au commencement de la séance, n'a pas donné de signes d'activité depuis longtemps;

23 — 18 — 23, et la double sortie du 23, numéro ordinairement accompagné du 30, du 11 et du 36, semble indiquer que les numéros 6, 27

et 13 pourraient bien désormais se rattacher à l'arc supérieur. — Remarquons le n° 18, réminiscence de la dernière tendance (arc 29 — 31).

35 — 12 — 35. Retour de tendance vers l'arc 26 — 7. On remarque que maintenant, elle se porte principalement vers la partie de cet arc adjacente à l'arc 29 — 31 en précédant ou suivant les apparitions de ce dernier. Le n° 26 ne sort pour ainsi dire pas ; le n° 3, guère. L'arc se réduit presque à 35 — 7.

4 — 12. La tendance vers l'arc 26 — 7 se confirme.

10 — 12. Elle s'accentue encore.

24 — 25 — 21 — 9 — 20 — 0 — 19. La tendance se dirige vers l'arc 2 — 0.

0 — 0, confirment cette tendance.

16 — 14 — 6 — 5 — 26 — 3. Malgré que les n°ˢ 26 et 3 soient distinctement rattachés à l'arc 26 — 7, ce n'est pas la première fois qu'on observe leur sortie non loin de celles du 0.

29 — 5 — 9 — 12. Concentratton sur l'arc 26 — 7, mais il est cette fois bien représenté dans sa partie inférieure.

0 rappelle l'observation faite à l'avant-dernier alinéa.

9. L'arc 29 — 31 est aussi fréquemment atteint.

21 — 29. Ce dernier également à l'arc 29 — 31.

36 — 35. Réminiscence de la tendance vers l'arc 26 — 7.

17 — 1 — 3. Ce dernier encore à l'arc 26 — 7.

18. — Réminiscence de la tendance vers l'arc 29 — 31.

23 — 15 — 17 — 36 — 25 — 27. La boule quitte le quadrant S.-E. pour prendre la direction de l'O. Elle se porte vers l'arc connu 17 — 13, élargi cette fois du n° 25 vers le bas, et du n° 36 vers le haut. Nous avons déjà cru remarquer tout à l'heure que cet arc tend à s'élargir vers le haut.

27 — 6. La tendance de ce côté devient intense.

5 — 3 — 6 — 6. Elle le devient plus encore.

22 — 15 — 22 — 24 — 34 — 25. La boule quitte cet arc, mais non sans y tomber encore dans les numéros 34 et 25.

31 — 9. Les broches montrent de nouveau des tendances à prendre le chemin de l'arc 29 — 31.

34 — 2 — 21 — 21. La boule tombe encore de temps à autre dans le bas de l'arc 13 — 17 ;

en même temps elle se dirige vers la partie adjacente de l'arc 2 — 0.

22 — 31 — 8 — 18. L'arc 29 — 31 continue à être en faveur.

26 — 26 — 25 — 33 — 25. Deux boules vont encore à la limite des arcs 13 — 17 et 2 — 0.

1 — 14 — 0 — 28 — 7 — 31 — 13 — 35 — 26. Retour de tendance vers l'arc 26 — 7. En même temps, quelques boules tombent dans l'arc 29 — 31, comme d'habitude.

14 — 10 — 17 — 23 — 9 — 8. La boule, prenant une direction toute différente, va retrouver une zone restée dans l'ombre depuis assez longtemps : l'arc 23 — 36, auquel se joint le n° 10.

30 confirme cette tendance.

36 également.

11 de même. La tendance est très marquée :

22 — 8. Continuation.

29 — 19 — 11. Elle existe encore, quoique les broches semblent vouloir reprendre leur chemin le plus habituel, celui de l'arc 29 — 31.

18. Effectivement, la tendance revient à 29 — 31.

7 — 18, les deux derniers numéros de la séance, confirment ce retour.

*
* *

Les phénomènes que nous avons dégagés en résumant la séance précédente ressortent de même de celle-ci.

Je répète d'abord que ces phénomènes ne se présentent pas plus ici que dans la séance précédente avec une intensité remarquable. Et cependant, il est impossible d'en méconnaître l'existence. L'analyse la dégage avec une netteté parfaite.

La tendance principale de la boule s'est manifestée en faveur de l'arc 29 — 31, arc très nettement délimité. Dans la séance de la veille, la tendance vers cet arc existait déjà, mais sans grande intensité.

Au contraire, la tendance vers l'arc 26 — 7, très forte hier, n'est plus guère apparue aujourd'hui que comme accessoire de la précédente.

Des tendances se sont manifestées plusieurs fois, comme hier, vers l'arc 20 — 5. Comme hier, elles ont été d'assez courte durée. Mais cet arc a toujours été nettement délimité.

L'arc 4 — 0, déjà reconnu hier, s'est aussi manifesté plusieurs fois aujourd'hui ; mais il s'est agrandi des numéros 21 et 2. Il manisfestait déjà une disposition à cet agrandissement dans la seconde partie de la séance précédente.

La distribution des arcs de tendance à l'O. s'est complètement modifiée d'une séance à l'autre. Hier, la boule revenait constamment vers un très large arc dans cette direction, et tombait à peu près indistinctement dans tous ses numéros. Aujourd'hui, les périodes de tendance de ce côté ont été moins fréquentes, mais la direction plus nette. Deux arcs se sont formés, l'un, 17 — 13, comprenant peut-être aussi le n° 25, l'autre, 23 — 36, auquel doit probablement être ajouté le n° 10.

On peut déjà conclure de là que la division du cylindre en zones vers lesquelles la boule tend à se diriger de préférence pendant des périodes plus ou moins longues n'est pas fixe, mais qu'elle varie. Pour le dire immédiatement, cette variation n'a pas de lois apparentes. La tendance vers un arc subsiste parfois pendant sept ou huit séances sans modification ; d'autres fois, elle ne dure que pendant une partie de séance.

La formation et la délimitation des arcs est indiquée tantôt peu à peu, tantôt brusquement. C'est ce que le lecteur verra en faisant lui-même l'analyse d'un nombre suffisant de séances consécutives, ce que je ne pourrais faire ici sans donner à cet ouvrage des proportions démesurées. Du reste, on n'apprend bien que ce que l'on apprend soi-même ; l'intérêt du lecteur est que je lui donne simplement la clef d'une étude qu'il doit faire en demandant aide surtout à ses propres facultés d'analyse, une fois mis sur la voie.

J'analyserai pourtant encore deux séances, afin de ne pas laisser de doutes au lecteur.

CHAPITRE VI

ANALYSE DE LA SÉANCE DU 24 JUILLET 1883

28 — 34 — 23 — 22 — 19 — 14 — 10 — 9 — 33 — 18 — 14. Toutes les branches sont parquées à l'E. du plateau du marqueur.

La tendance de la boule est dirigée vers l'arc 29 — 31, sa direction favorite d'hier; mais cet arc s'est agrandi du n° 14, adjacent. Ce n° 14 était déjà sorti quelquefois en même temps que l'arc 29 — 31, sur la fin de la séance précédente.

19 — 4 — 18. Ce dernier à l'arc 29 — 31.

27 — 5 — 3 — 16 — 7 — 17 — 1. Symptômes de tendances vers l'arc 20 — 5, mais pas bien énergiques.

21 — 17. Même chose pour un arc 21 — 17 dont les numéros constituants se partageaient hier entre l'arc 13 — 17 ou 13 — 25 et l'arc 2 — 0. Attendons que la suite nous dise si une zone autonome s'est formée à cette place.

30 — 12 — 30 — 21. Le n° 21 se repète; mais nous n'apprenons rien.

27. Il semble avoir quelque tendance du côté de l'O., mais on ne discerne rien bien nettement.

4. Doit peut-être rattaché à l'apparition 17 — 21.

24 — 16 — 34 — 5. L'arc 20 — 5 se montre pour la seconde fois.

8 — 34 — 20. Ce dernier à l'arc 20 — 5.

36. Il continue à régner certaine tendance à l'O., mais sans qu'on puisse bien en déterminer le siège exact.

7 — 18 — 31. La boule se dirige du côté de l'arc 29 — 31.

36 — 6. Il commence à paraître que la tendance à l'O., que nous remarquons depuis le commencement, a son centre d'intensité sur l'arc 36 — 34.

18. A l'arc 29 — 31.

1 — 27 — 36. La tendance vers l'arc 34 — 36 est forte.

26 — 35 — 21 — 31 — 4 — 15. On note une réminiscence de la légère tendance observée tout à l'heure sur l'arc 29 — 31, et une manifestation sur les n°s 21 à 15, appartenant à l'arc 2 — 0 d'hier. Remarquer la présence du n° 26, déjà observée à la fin de la séance d'hier à des

moments de tendance vers la partie inférieure de l'arc 2 — 0.

Toutes les broches, sauf une, sont parquées dans un quadrant au S.

13. Réminiscence de la tendance sur l'arc 34 — 36, qui parait s'être éloignée pour le moment.

31 — 10 — 8 — 28 — 31 — 7 — 17 — 30 — 19 — 31. Suite de coups assez confuse, où l'on ne distingue qu'une vague tendance vers l'arc 29 — 31 et la partie adjacente de l'arc 26 — 7.

26 — 15 — 31 — 27 — 36 — 26 — 35 — 21 — 31 — 4 — 15. Sept de ces onze numéros sont dans un quadrant au S qui comprend la plus grande partie de l'arc 26 — 0 et les trois numéros adjacents de l'arc 26 — 7. Ces derniers paraissent actuellement devoir être rattachés à l'arc 2 — 0, ou peut-être seulement à la partie inférieure de cet arc. On n'est pas bien fixé jusqu'ici.

13 — 31 — 10 — 8 — 28 — 31 — 7 — 17 — 30 — 19 — 31. Rien de remarquable, si ce n'est la sortie fréquente du n° 31, mais il reste isolé.

26 — 15. Nouveaux symptômes de groupement sur les parties contigues des arcs 2 — 0 et 26 — 28. Il s'est probablement formé un arc 19 — 26 ou à peu près.

31 — 18. La tendance latente vers l'arc 29 — 31 semble vouloir se déclarer.

13 — 4 — 18. Ce dernier au même arc 29 — 31.

17 — 30 — 4 — 19 — 19. La tendance signalée vers l'arc 21 — 0 continue et se concentre maintenant sur la partie supérieure de cet arc.

7 — 3 — 23 — 3. Manifestation de tendance sur l'arc 26 — 7.

19 — 21 continuent la tendance observée sur l'arc 21 — 0, partie supérieure.

Comme tout à l'heure, toutes les broches, une exceptée, sont parquées dans un arc au S.

1 — 24 — 26. Ce dernier à l'arc 26 — 7, l'un des deux derniers mis en évidence.

11 — 3. Le n° 3 également.

21. Réminiscence de la dernière tendance vers le haut de l'arc 21 — 0. Elle a été concentré sur les trois seuls numéros 21, 4 et 19.

3. Encore à l'arc 26 — 7.

22 — 9 — 21 — 31 — 31. A l'exception du n° 21, dont il faut noter la nouvelle sortie, ces numéros appartiennent à l'arc 29 — 31, et accusent une tendance caractérisée vers cet arc. La fréquence des apparitions de ce dernier et la netteté de sa délimitation sont assez remarquables.

On observe que jusqu'ici le nombre de boules entrées dans la moitié N. du cylindre a été très petit ; les tendances ont été presque constamment au S.

1 — 36 — 6 — 31. — La tendance vers l'arc 29 — 31 continue ; elle se concentre principalement sur le n° 31.

4 — 36. Symptômes de tendance vers l'arc 36 — 34, dégagé au commencement de la séance et cité depuis.

18 — 17 — 21 — 9. Deux de ces numéros font encore partie de l'arc 29 — 31.

28 — 6. Ce dernier, réminiscence de la tendance 36 — 34.

32 — 24 — 18. Celui-ci, réminiscence de la tendance 29 — 31.

4 — 23 — 6 — 8 — 10. Il se manifeste au N. N.-O. des symptômes qui rappellent l'arc 36 — 23 d'hier, avec adjonction du numéro limitrophe 10.

26 — 21 — 21 — 8. Ce dernier continue à attirer l'attention vers le N. N.-O. On remarque la fréquence du n° 21 ; il domine dans la partie supérieure de l'arc 21 — 0, comme le n° 31 domine dans l'arc 29 — 31.

16 — 12 — 5 — 19 — 2 — 33. Des symptômes

de tendance se déclarent d'une part vers le haut de l'arc 2 — 0 (qui semble se séparer de la partie inférieure), et d'autre part vers l'arc 20 — 5.

3 — 3 — 35 — 26 — 7 — 7. Mais la boule quitte brusquement ces directions, et prend celle de l'art 27 — 7, dans lequel elle tombe six fois consécutives.

21 — 0 — 15. Puis, restant dans le quadrant S., (comme nous l'avons déjà vu deux fois), elle retourne à l'arc 21 — 0.

11 — 29 — 35. Ce dernier, réminiscence de la tendance 26 — 7.

21. Et celui-ci, réminiscence de la tendance 21 — 0.

9 — 8 — 9. En tenant compte du n° 29 sorti il y a un instant, on reconnaît une nouvelle excursion de la boule vers l'arc favori 29 — 31 ; mais nous allons voir qu'elle ne sera pas longue.

33 — 20 — 20 — 3 — 24. En effet, la boule prend une autre direction, et va tomber quatre fois en cinq coups dans une autre zone souvent explorée, l'arc 20 — 5.

13 — 5. Le second de ces numéros appartient à l'arc 20 — 5.

35 — 32 — 19 — 20, ainsi que ce dernier.

28 — 14 — 26 — 0. Cependant la boule a

repris la direction du quadrant S., où les coups se sont divisés d'une manière assez confuse entre l'arc 26 — 7 et la partie inférieure de l'arc 21 — 0.

13 — 21 — 26. Ces deux derniers numéros confirment cette tendance, mais sane en bien préciser le siège.

11 — 30 — 6, avec le n° 13 sorti quatre coups auparavant, indiquent une tendance vers l'arc 36 — 34, un peu déviée vers le N.

18 — 29 — 13, tendance confirmée par ce dernier numéro.

35 — 18. Mais déjà la boule a repris la direction de l'arc 29 — 31,

31 — 19 — 31, y touche deux fois de suite le numéro dominant 31,

6 — 2 — 18, puis encore le n° 18. Cependant, la sortie du n° 6 a donné encore une trace de tendance vers l'arc 36 — 34.

7 — 34 — 35 — 3. Une légère tendance vers l'arc 26 — 28 suit l'apparition bien caractérisée de l'arc 29 — 31.

19 — 32. Des numéros de l'arc 21 — 0 viennent se mêler à ceux de l'arc 26 — 28, fait auquel nous sommes maintenant habitués, et l'on assiste

pour la troisième fois au rassemblement des broches dans le quadrant S.

25 — 34 — 1 — 18 — 18 — 10 — 2 — 13 — 16 — 7 — 16 — 5. Les broches se disséminent dans différentes directions ; la plus favorisée est la partie supérieure de l'arc 20 — 5 ; mais on va voir que la tendance ne s'y fixera pas.

6 — 0 — 12 — 2 — 15 — 3 — 3. Pour la quatrième fois, toutes les broches sont dans le quadrant S. Les numéros adjacents des arcs 21 — 0 et 26 — 7 sont atteints. Il est désormais clair que les tendances dans cette direction s'étendent sur tout un quadrant du n° 21 au n° 28 ou à peu près. Appelons-le le quadrant S.

7 — 16 — 8 — 17 — 5 — 23 — 5. Presque toutes les broches se portent vers le haut de l'arc 20 — 5 et la partie adjacente de l'arc 11 — 10.

20 appartient à l'arc 20 — 5.

19 — 10 — 30. Ces deux derniers numéros sont dûs à la tendance indiquée dans l'avant-dernière rubrique. Il y a probablement une apparition simultanée des tendances 20 — 5 et 36 — 23 ou 11 — 10.

30 — 35 — 27 — 29 — 19 — 24. Le n° 24 est une réminiscence de la tendance 20 — 5.

14 — 34 — 30 — 15 — 6 — 30 — 27. La boule

se dirige vers l'arc 36 — 34, bien connu.

2 — 27. Elle y tombe de nouveau.

1 — 2 — 29 — 31 — 10 — 11 — 19 — 32 — 18 — 21. Une assez vive tendance se déclare sur l'arc 21 — 0.

5 — 35. On voit de suite qu'elle se porte également sur la partie inférieure de l'arc 26 — 7, qui s'est fondu avec l'arc 21 — 0.

9 — 3. C'est en effet ce que confirme la sortie du n° 3,

24 — 35, et une nouvelle sortie du n° 35.

11 — 27 — 22 — 2 — 28 — 31 — 28. Mais la tendance, continuant à marcher vers l'E., se porte sur l'extrémité supérieure de l'arc 26 — 7 et sur l'arc 29 — 31,

26 — 15 — 22, auquel appartient aussi ce dernier numéro.

16 — 34 — 0 — 23 — 10 — 9 — 9. Elle semble pourtant avoir déjà quitté cet arc, lorsque sort deux fois de suite le n° 9, qui s'y rattache,

11 — 19 — 10 — 31, puis le n° 31. Pendant ce temps, quelques symptômes d'activité se sont manifestés du côté de l'arc 10 — 11, mais on va voir qu'ils restent sans suites.

28 — 2 — 34 — 12 — 9. Les broches se dissé-

minent dans la moitié S. du plateau ; le n° 9, de l'arc 29 — 31, sort de nouveau.

15 — 1 — 4 — 20 — 13 — 31 — 22. La plupart des boules tombent à l'E. du plateau, deux dans l'arc 29 — 31, deux autres plus haut, sur les numéros 1 et 20.

28 — 24 — 6 — 24 — 14 — 21 — 26 — 26 — 23 — 29 — 8 — 30. La boule prend différentes directions, puis on aperçoit des symptômes de tendance vers l'arc 10 — 11.

14 — 29 — 0 — 28 — 28 — 10. Mais à ces symptômes ne succède qu'une assez lointaine sortie du n° 10. Les broches retournent vers le point de contiguité des arcs 26 — 7 et 29 — 31,

0 — 24 — 26, puis s'étendent dans le premier de ces arcs jusqu'au 26, et, au delà, jusqu'au 0.

33 — 17 — 36 — 26 — 4 — 21 — 23 — 19. Les doubles sorties du 26 et du 0 annonçaient — en se rappelant les derniers précédents, — une affectation de l'arc 21 — 0. Elle se produit en effet.

24 — 11 — 13 — 28 — 21 — 19. Les n°ˢ 21 et 19 appartiennent aussi à cet arc,

29 — 29 — 4, ainsi que le n° 4.

26 — 31 — 3. La sortie des numéros inférieurs de l'arc 26 — 7 accompagne, comme de coutume,

cette manifestation sur l'arc 21 — 0. Le reste des broches est allé se fixer sur l'arc 29 — 31, et toutes se trouvent une fois de plus réunies dans la moitié inférieure du plateau.

16 — 17 — 6 — 32 — 18 — 20 — 0 — 32 — 28 — 3 — 0. Après quelques errements, la boule revient encore frapper cinq fois la partie contiguë des arcs 21 — 0 et 26 — 7,

24 — 30 — 27 — 20 — 15, et ne s'en éloigne pas définitivement sans avoir encore touché le n° 15.

36 — 17 — 27 — 25 — 30 — 35 — 11 — 34 — 10. La boule se rend dans la région de l'O., à laquelle appartiennent tous ces numéros, un seul excepté. Les arcs 10 — 11 (celui-ci surtout à sa partie inférieure) et 36 — 34 l'attirent simultanément.

29 — 16 — 18 — 12 — 2 — 36 — 22. Mais les excursions de la boule à l'ouest ne sont maintenant jamais bien longues. Voici qu'elle semble déjà reprendre le chemin de l'arc 29 — 31.

8 — 10 — 18 — 8, auquel appartient aussi le n° 18. Pourtant, l'arc 10 — 11 reçoit une nouvelle visite,

4 — 18 — 11 — 29 — 16 — 30, qui se termine par une sortie des n°⁵ 11 et 30, tandis que l'arc

29 — 31, auquel la boule continue en même temps ses faveurs, est encore touché deux fois.

0 — 18, puis encore une fois au n° 18.

1 — 2 — 16 — 19 — 15. En tenant compte du 0 de la précédente rubrique, trois boules sur sept sont tombées dans l'arc 21 — 0, et une quatrième dans le numéro adjacent 2.

10 — 25 — 18 — 10 — 13 — 21 — 15 — 0. Cinq boules successives vont ailleurs, mais les trois suivantes reviennent au même arc,

33 — 10 — 19, ainsi qu'une quatrième, qui suit de près,

30 — 27 — 27 — 19, et une cinquième que trois coups seulement séparent de la précédente. Cependant, plusieurs broches se sont groupées à l'O., à une place empruntée partie à l'arc 10 — 11, partie à l'arc 36 — 34.

7 — 33 — 23 — 30. Ce dernier numéro est aussi à cette place; le n° 23 est sur l'arc 10 — 11.

2 — 32. Réminiscence de la tendance vers l'arc 21 — 0.

14 — 29 — 6 — 3 — 33 — 33 — 28 — 0 — 22 — 33. On ne remarque dans cette suite de numéros que la triple sortie du n° 33, qui parait indiquer une tendance vers l'arc 20 — 5,

17 — 13 — 24, auquel appartient aussi ce dernier numéro.

13 — 35 — 0 — 31 — 32 — 33 — 26. Après une dernière réminiscence vers le même arc, une nouvelle concentration des broches se fait sur les parties contiguës des arcs 21 — 0 et 26 — 7.

7 — 30 — 6 — 22 — 28 — 8 — 18, suivie d'une autre vers le point de jonction des arcs 26 — 7 et 29 — 31.

26 — 7. Ce dernier numéro est placé en ce point.

0 — 17 — 28 — 12, ainsi que les numéros 28 et 12.

2 — 8 — 6 — 1 — 22. La tendance vers le point en question se manifeste encore par la sortie du n° 22.

1 — 9 — 1. On remarque la triple sortie du n° 1, qui peut faire supposer une tendance de la boule vers l'arc 20 — 5. Mais la suite montre qu'il n'en est rien.

2 — 26 — 30 — 15 — 35 — 19 — 15. Nouvelle manifestation de tendance sur l'arc 21 — 0, s'étendant aux numéros limitrophes de l'arc 26 — 7.

24 — 24 — 10 — 6 — 1. Succèdent ensuite

les signes d'une tendance vers la partie supérieure de l'arc 20 — 5,

17 — 33, tendance confirmée par la sortie du n° 33.

6 — 34 — 33. Puis, deux coups plus tard, par une nouvelle sortie du même numéro. Cependant, une partie des broches est allée se masser à la partie inférieure de l'arc 36 — 34, et sur le numéro 17, dont on a déjà pu observer depuis quelque temps la coïncidence des sorties avec les apparitions isolées des numéros de l'arc 36 — 34.

25. Ce numéro paraît aussi, à cette heure, se rattacher aux n°^{os} 17 et 34.

1. Dernière manifestation de la tendance 20 — 5.

4 — 32 — 25. Remarquons la nouvelle sortie du n° 25, sans en tirer cependant de conclusions formelles de rattachement au système 17 — 34 — 6, car les n°^{os} 4 et 32 qui viennent de sortir plaideraient plutôt en sens contraire.

8 — 26 — 31 — 35. Nous revenons encore aux errements sur les parties contiguës des arcs 21 — 0 et 26 — 7.

26. Ce numéro les continue.

11 — 3. Ainsi que ce dernier.

9 — 27 — 9 — 6 — 1 — 14. Quatre broches

vont se grouper à la pointe supérieure de l'arc 29 — 31 et au delà, sur les nos 14 et 1. Déjà pareil fait s'est produit tout à l'heure.

34. La partie supérieure de l'arc 36 — 34 est munie de trois broches.

26 — 4 — 17. Nous savions déjà que ce dernier numéro se rattache maintenant à ce groupe.

31. Réminiscence de la tendance notée deux alinéas plus haut.

0 — 5 — 0. La boule parait vouloir revenir vers le bas de l'arc 24 — 0 et vers ses annexes.

5 — 15. Voici, en effet, un numéro de ce groupe,

22 — 23 — 22 — 19, et ce dernier en est aussi.

2 — 25. Ces numéros ne sont pas éloignés des précédents. Le second est embarrassant ; il se rattache tantôt au système de droite, tantôt à celui de gauche.

31 — 18, précédés d'un double 22, quelques coups auparavant, nous ramènent à l'arc 22 — 31, resté un peu dans l'ombre depuis queltemps.

3 — 22. Voici encore un numéro de cet arc,

2 — 18, suivi de près d'un autre encore.

13 — 21 — 3 — 36 — 35 — 29. La boule prend d'autres directions, mais non sans se rendre une dernière fois dans ledit arc 29 — 31.

2 — 3. Puis une nouvelle concentration s'opère vers le bas de l'arc 26 — 7,

0, et sur le 0, qui se rattache maintenant à ce système, comme on sait.

10 — 10 — 10 — 12. Après une triple sortie du n° 10 vient le n° 12, qui indique que la dernière tendance continue.

11 nous fait voir que la triple sortie du 10 se rapporte à une tendance vers l'arc 10 — 11.

10, sortant de nouveau, accentue cette tendance.

0 montre néanmoins que la tendance 0 — 12 n'est pas encore éteinte.

16 — 36 — 26, et la sortie du n° 26 vient la rappeler de nouveau.

11 — 13. La dernière tendance 10 — 11, déviant vers le bas, se porte maintenant sur la partie supérieure de l'ex-arc 36 — 34, qui semble actuellement coupé en deux.

32 — 26. La boule partage ses faveurs entre cette direction et l'arc du S. Deux boules pour ce dernier.

27. Une pour l'O.
28. Une vers le S.
17. Une vers l'O.
35. Une pour le S.

23 — 31 — 15 — 6. Après avoir encore touché par les n°s 15 et 6 les deux régions en question,

20 — 26 — 23 — 16 — 35 — 20, la boule prend, non sans quelques détours, le chemin de l'arc 20 — 5, et l'attaque par le bas.

9 — 25 — 6 — 20. Bien qu'elle ne marque que faiblement sa tendance vers cet arc, elle y touche encore le n° 20,

29 — 7 — 19 — 1, puis, quatre coups plus tard, le n° 1.

23 — 6 — 36 — 29 — 22 — 14 — 17 — 23 — 30 — 13 — 15 — 26 — 11. Après quelque temps d'indécision, pendant lequel elle semble cependant être disposée à favoriser le N.-O., elle prend franchement cette direction, et quatre broches vont couvrir un espace qui comprend l'arc 23 — 11 et la partie adjacente de l'arc 36 — 34. Décidément, cette dernière s'est rattachée à l'arc 10 — 11.

8, qui vient ensuite, est compris dans la même zone,

14 — 28 — 0 — 22 — 36 — 18 — 30, que la

boule touche encore par les n°s 36 et 30, bien qu'elle soit maintenant en train de prendre la direction de l'arc 29 — 31.

12 — 9. La nouvelle tendance vers ce dernier s'accentue par la sortie du n° 9,

21 — 11 — 31, continue par la sortie du n° 31,

24 — 15 — 3 — 10 — 31, et se termine, à cinq coups de là, par une nouvelle sortie du même numéro.

19 — 1 — 34 — 4 — 19. Un groupe de broches se forme vers le haut de l'arc 21 — 0, qui donnait depuis quelque temps des signes d'activité.

4 achève de dénoter une tendance accentuée sur ce point.

18 — 7 — 19, tendance que vient encore confirmer la sortie du n° 19.

11 — 1 — 21. Ce dernier continue la série,

8 — 36 — 0, que vient clore le 0. Pendant les derniers coups, des symptômes de tendance se sont déclarés vers le bas de l'arc 10 — 11, étendu, comme les fois précédentes, aux numéros limitrophes de l'ex arc 36 — 34.

3 — 14 — 9 — 24 — 5 — 36 — 13 — 8. Cinq coups se passent cependant sans que la boule tombe dans cette direction, et l'on peut croire que

les symptômes signalés n'auront pas de suite, lorsque sortent coup sur coup trois numéros de la zone.

31 — 6 — 27. Ces deux derniers s'y sont constamment rattachés dans les derniers temps.

16 — 5 — 23 — 17 — 30 — 36 — 20 — 10. Presque tous les numéros de la partie supérieure de cette zone défilent successivement,

26 — 6, et sa partie inférieure est encore atteinte par le n° 6.

0 — 15. Cependant on observe un commencement de concentration vers le S.;

17 — 1 — 17 — 36; la boule ne va pas plus qu'une fois au N.-O. (n° 36),

32, et elle tombe une quatrième fois dans l'arc S.

28 — 17. Deux coups se passent,

15 — 26 — 12 — 3, après lesquels la boule vient encore tomber quatre fois consécutives dans la même zone.

22 — 6 — 2 — 30 — 15. Puis la boule se dirige de différents côtés, pour tomber encore une fois, après quatre coups, dans ce même arc S.

7 — 28 — 4 — 21 — 0. La boule va toucher ensuite deux fois la limite supérieure de l'arc

26 — 7, puis la tendance revient nettement à l'arc 21 — 0,

18 — 17 — 4, lequel fournit encore le n° 4,

2 — 32, et le n° 32, précédé du n° 2, limitrophe à l'arc 21 — 0. Toutes les broches sont parquées au S. du cylindre, comme cela est déjà arrivé si souvent.

18 — 24 — 9 — 28 — 26 — 3 — 18. Six de ces sept coups échoient aux arcs 26 — 7 et 29 — 31.

6 — 32 — 0 — 32. Puis la boule retourne trois fois de suite à la partie inférieure de l'arc 21 — 0, qui se fond de nouveau avec le bas de l'arc 25 — 7. Mais la boule ne sort pour ainsi dire pas du S. du cylindre.

23 — 14 — 3. Le n° 3 est encore dans l'arc du S.

34 — 13 — 31 — 22 — 31. Nouveau retour vers l'arc 29 — 31, qui semble depuis quelque temps se raccourcir du n° 29 d'un côté, et s'étendre de l'autre au n° 14.

10 — 21 — 7 — 30 — 15 — 35 — 24 — 17 — 19 — 29. Directions diverses, dans lesquelles domine toujours le S.

13 — 20 — 22 — 36 — 2 — 34. La boule continue à ne montrer aucune tendance particulière. L'arc 36 — 34 est bien couvert de trois broches,

mais nous savons que cet arc a été démembré et, en effet, la suite montre que rien ne se passe de ce côté.

22 — 18. Des signes de tendance se manifestent vers l'arc 29 — 31,

33 — 19 — 30 — 19 — 18, dans lequel la boule vient tomber encore une fois.

32. Trois boules sur cinq viennent de signaler l'approche d'une nouvelle concentration sur l'arc 21 — 0 ou sur le segment S., quand la fin de la séance vient interrompre la marche du jeu.

*
* *

Ce que je puis dire pour résumer les observations faites pendant cette longue séance n'est que la répétition de ce que les deux analyses précédentes m'ont permis d'établir.

L'arc 29 — 31 a continué a être souvent favorisé, et ses limites sont restées très bien accusées pendant toute la séance.

Les arcs 21 — 0 et 26 — 7 ont été presque constamment en évidence; mais, tandis qu'auparavant les tendances de la boule vers cette région se dirigeaient tantôt vers l'un, tantôt vers l'autre de ces deux arcs, ils se sont aujourd'hui presque fondus en une seule zone devenue le siège d'une puissante attraction de la boule.

L'arc 20 — 5 s'est montré plusieurs fois. Comme hier, les tendances de la boule de ce côté ont été moins fréquentes et moins intenses que vers plusieurs des autres zones reconnues; mais les limites de l'arc de tendance sont restées bien nettes.

A l'O., nous avons assisté d'abord à la formation d'un arc 36 — 34, qui a été plusieurs fois le siège de concentrations bien distinctes de celles qui s'effectuaient, à d'autres moments, sur l'arc 10 — 11 reconnu hier. Puis, à partir du milieu de la séance, la limite de ces deux zones s'est effacée, et les tendances de ce côté, devenant rares, se sont étendues à une zone mesurant environ les deux tiers de chacun de ces deux arcs adjacents.

En résumé, tout ceci confirme les lois qui se sont dégagées des deux analyses précédentes, savoir, la division du cylindre en zones inégales vers chacune desquelles la boule se dirige de préférence pendant des périodes plus ou moins longues — l'inégalité de fréquence et d'intensité des tendances vers les différentes zones — l'altérabilité de la grandeur et de la position des zones.

CHAPITRE VII

ANALYSE DE LA SÉANCE DU 18 JUILLET 1883

Je donnerai un dernier exemple de ces analyses. Au lieu de prendre, comme je l'ai fait jusqu'ici, des séances quelconques, les premières venues, je vais en choisir une dans laquelle on trouve l'exemple d'une tendance intense de la boule à choir dans un arc déterminé, tel qu'on en rencontre très souvent, — en moyenne dans une séance sur cinq ou six.

Prenons la séance du 18 juillet.

32 — 15 — 14 — 28 — 18 — 24 — 21 — 24 — 20 — 9 — 33. La boule se dirige surtout vers l'E. ou le N.-E. du cylindre. Toutes les broches, une exceptée, sont parquées de ce côté du plateau du marqueur.

22 — 32 — 11 — 30 — 8. A cette première disposition succède une tendance vers le N.-O., où se dessine un arc de tendance comprenant jusqu'ici les numéros 8, 30 et 11.

34 — 3 — 8. Cette tendance s'accentue par une nouvelle sortie du n° 8,

32 — 36, et le numéro adjacent 36 vient se joindre aux précédents.

28 — 7. Cependant trois boules sur six vont tomber au S.-E.

19 — 24 — 25 — 11. Les broches quittent l'arc N.-O; néanmoins la boule y touche une fois encore le n° 11.

28 — 19 — 24 — 28 — 19 — 1 — 8 — 30 — 18 — 17 — 21 — 20 — 6 — 12 — 22 — 7 — 33 — 2 — 8 — 20 — 24 — 32 — 32 — 3 — 32. Après une vingtaine de coups pendant lesquels la boule se dirige en tous sens, une concentration de broches s'opère au S., sur un arc dont le n° 32 semble être jusqu'ici le centre d'intensité.

30 — 35 — 7. Mais il apparaît bientôt que ce centre est probablement plus à l'E.

30 — 23 — 27 — 30. Sans nous laisser le temps de recueillir des données suffisantes à cet égard, la boule retourne vers le N.-O., et, après une sortie toute récente du n° 30, elle tombe trois fois presque consécutives dans l'arc 8 — 36, aggrandi du numéro adjacent 23

10 — 5 — 5, auquel viennent immédiate-

ment se joindre encore les numéros 10 et 5, ce dernier représenté par une double sortie. Toutes les broches sont actuellement dans cette zone et ses environs,

9 — 11, que la boule vient encore toucher par le n° 11,

32 — 28 — 32 — 4 — 30, ainsi que par le n° 30, à quelques coups de là. Cependant la boule a pris trois fois la direction du S.; mais cette fois, ce n'est pas comme tout à l'heure vers la droite du n° 32, mais vers la gauche que semble être le siège de la tendance dans cette direction.

21. C'est ce que vient confirmer la sortie du n° 21,

36 — 2 et celle du n° 2. Le n° 32 appartient donc probablement à une zone S.-O., distincte de celle vers laquelle la boule a dévié tout à l'heure.

Une dernière marque de tendance vers l'arc N.-O. a été donnée par la sortie du n° 36.

16 — 18 — 33 — 7 — 11 — 7. Des indices de tendance se déclarent sur un arc situé vers l'E.-S.-E., ou le S.-E., où nous en avons déjà vu se produire une fois précédemment, mais sans suite.

5 — 17 — 22. Cette fois, la tendance paraît

plus intense, à en juger par la sortie du n° 22,

29 et par celle du n° 29, qui suit immédiatement.

0 — 12. La sortie du n° 12 commence à indiquer une tendance très forte de ce côté,

28, et celle du n° 28 achève de nous fixer à cet égard. La zone reconnue jusqu'ici va du n° 12 au n° 22.

21 — 33 — 7. Voici encore, dans le même arc, le n° 7,

19 — 34 — 22, et le n° 22.

26 — 32. Cependant les broches se portent vers le S., autour du n° 32.

10 — 19. Ce dernier numéro, à gauche du 32, vient confirmer la tendance de la boule vers ce point,

35 — 19, tendance qui s'accentue par une nouvelle sortie du n° 19.

3 — 25 — 29 — 15. La boule tombe encore une fois dans cette zone, au n° 15, bien qu'elle semble vouloir se diriger de nouveau vers le S.-E.

10 — 20 — 7 — 28. La tendance est revenue à l'arc S.-E.

12 que la boule va de nouveau toucher par le n° 12,

8 — 6 — 12 — 22, puis, à deux coups d'intervalle, par les numéros 12 et 22.

16 — 6 — 3 — 9 — 23 — 16 — 18 — 18. Suivent six coups dans différentes directions, dont deux proches du S.-E., puis la boule va frapper deux fois le n° 18, qui fait partie de la zone affectée.

6 — 1 — 22. Elle y tombe de nouveau au n° 22, qui parait en être l'extrémité.

26 — 4 — 25 — 16 — 13 — 10 — 26 — 35 — 15 — 31 — 30 — 22 — 35 — 16 — 0 — 3. Suivent une douzaine de coups dans diverses directions, puis des signes de tendance se font sentir sur un petit arc comprenant les n°s 0 à 35; segment sur lequel quelques indices d'activité ont déjà pu être remarqués.

21 — 0. La boule va de nouveau toucher cet arc par le n° 0,

30 — 14 — 35, puis par le n° 35,

22 — 23 — 1 — 11 — 0, et enfin par le n° 0.

24 — 17 — 4 — 12 — 11 — 3 — 8 — 33 — 12 — 0 — 7 — 18. Après un certain nombre de coups disséminés, mais pendant lesquels la tendance vers l'arc 0 — 35 se fait encore sentir, une concentration des broches se fait de nouveau au S.-E. sur l'arc 12 — 22.

23 — 21 — 23 — 10. Puis la boule prend le chemin du N.-O., et va tomber trois fois de suite dans la partie supérieure de l'arc reconnu 10 — 36,

14 — 25 — 3 — 26 — 18 — 27 — 23, qu'elle va toucher encore, un peu plus tard, par le n° 23.

13 — 24 — 19 — 6. Trois broches sont maintenant placées devant les numéros adjacents 13, 27 et 6, situés dans une région encore peu explorée. La suite montre qu'il ne se passe rien de bien remarquable de ce côté.

1 — 22 — 7 — 35 — 18. Il en est tout autrement de l'arc 12 — 18, où la boule vient de nouveau tomber trois fois de suite,

3 — 33 — 11 — 7, suivies de près d'une quatrième (n° 7),

33 — 22, et d'une cinquième (n° 22).

0 — 3 — 30 — 16 — 16 — 7. Après cinq coups diversement dirigés, la boule revient encore à l'arc 7 — 22, où elle tombe au n° 7,

27 — 22 — 22, puis, presque immédiatement, deux fois au n° 22.

34 — 13. Trois broches se trouvent plantées devant un arc 34 — 13 ; le même fait a déjà été signalé tout à l'heure.

32 — 19 — 35 — 3 — 36. Ce n° 36, précédemment rattaché à l'arc du N.-O, se rattacherait-il maintenant au nouvel arc qui vient d'apparaître ? Ce sera à observer dans la suite, si l'occasion s'en présente.

3. Mais une concentration s'opère au S., sans qu'on voie encore bien si c'est sur le petit arc 0 — 35 ou sur celui du S.-O., dont il n'a plus été question depuis le commencement de la séance.

5 — 24 — 15 — 15 — 26. Il semble que l'arc 0 — 35 se soit étendu à gauche juqu'au n° 15,

26 — 15, ce que confirme cette nouvelle alternance des numéros 26 et 15. Il est cependant possible qu'il s'agisse d'une tendance simultanée sur l'arc 0 — 35 et sur l'arc 4 — 0.

29 — 29 — 0. Une nouvelle boule tombe dans cet arc,

8 — 29, et, bien qu'il se déclare une nouvelle tendance vers l'arc 12 — 22, sous la forme d'une triple sortie du n° 29,

35, la boule se rend encore une fois dans l'arc du S., en son point limitrophe à l'arc 12 — 22.

24 — 24 — 18. La boule tombe encore une fois dans l'arc 12 — 22,

17 — 1 — 14 — 26 — 13 — 2 — 4 — 29 — 0 — 24 — 15, puis se meut pendant quelque temps d'une manière confuse, dans laquelle on ne remarque qu'une groupement passager dans une région au N.-E., où nous n'avons encore remarqué qu'un fait du même genre, tout au commencement de la séance. Un groupement s'opère ensuite au S. S.-O., sur l'arc 4 — 0,

18 — 31 — 1 — 19 — 4, que la boule va toucher deux fois encore, aux numéros 19 et 4.

27 — 35 — 8 — 18 — 5 — 13 — 25 — 28 — 3 — 0 — 7 — 12. Après sept ou huit coups où domine la direction des arcs 26 — 35 et 12 — 22, une concentration de broches s'opère de nouveau sur le second.

29. L'intensité de la tendance vers cet arc augmente.

15 — 33 — 18. Ce dernier au même arc.

4 — 29. Ce dernier également.

36 — 28. Encore un numéro de l'arc 12 — 22.

2 — 12. Et le n° 12 aussi.

30 — 5 — 2 — 24 — 12 — 22. Ce n'est pas tout; car, après quatre coups, la boule vient encore toucher l'arc en question par les numéros 12 et 22,

18, puis par le n° 18,

9 — 34 — 18, et encore par le n° 18,

5 — 28, par le n° 28,

30 — 7, par le n° 7,

18, et par le n° 18.

19 — 30 — 30. Cependant on remarque que trois broches sont plantées devant le n° 30, appartenant à l'arc N.-O, qui fut un moment si en évidence.

7. Mais la boule ne quitte pas encore l'arc 12 — 22. Après y être de nouveau tombée au n° 7,

6 — 35 — 29, et en avoir cotoyé l'extrémité en tombant au n° 35, elle va de nouveau le toucher au n° 29,

0 — 12, puis au n° 12,

9 — 18, puis au n° 18, en le manquant une fois où elle tombe au numéro 9,

34 — 4 — 34 — 29, et enfin, pour clore la série, au n° 29.

24 — 31 — 24 — 19 — 3 — 11 — 4 — 2. Quelques coups se passent, les broches s'éparpillent, puis quelques-unes se plantent au S.-O., non en face, mais à côté de l'arc reconnu 4 — 0.

7 — 0 — 13 — 12 — 22. Mais la boule ne tarde pas à reprendre le chemin de l'arc 12 — 22,

7, où elle va encore tomber immédiatement au n° 7,

0 — 33 — 28, puis, à trois coups de là, au n° 28.

1 — 26 — 13 — 16. Cependant, trois broches sont allées se planter au N.-E., devant les numéros contigus 1, 33 et 16.

4 — 24. Le n° 24 joint à ces derniers,

5 — 5, et le n° 5, qui sort ensuite deux fois, forment avec eux un arc 1 — 5 dont il y aura lieu de suivre les allures dans la suite.

15 — 3 — 2 — 36 — 17 — 27 — 17. Toutes les broches, une exceptée, vont se parquer à l'O., sur une large zone vers laquelle la boule n'a guère témoigné jusqu'ici de tendance à se diriger.

12 — 21 — 5 — 26 — 14 — 7 — 2 — 22. Du reste, elles quittent de suite cette région; quelques-unes vont se grouper en face des numéros 2, 21 et 4 où nous les avons déjà vues une fois; d'autres retournent vers l'arc favori 12 — 22.

13 — 3 — 12. Dans ce dernier arc, la boule va encore tomber au n° 12,

2 — 25 — 2, puis elle revient trois fois de suite tomber aux numéros 2 et 25, qui paraissent, avec le n° 21, former un groupe non sans rapports avec la partie supérieure de l'arc 4 — 0.

35 — 25. Cette nouvelle sortie du n° 25 appelle l'attention sur ce groupe, que nous suivrons de près dorénavant.

33 — 7 — 3. Cependant, des boules continuent à tomber presque constamment dans l'arc 12 — 22 et dans la partie adjacente de l'arc 26 — 35.

1 — 31 — 3. En voici encore une.

36 — 23 — 16 — 16 — 18 — 12. Encore deux boules à l'arc 12 — 22.

30 — 24. Il s'est produit après quelques coups des signes de tendance vers N.-E., où nous avons à peu près reconnu tout à l'heure un arc 1 — 24.

15 — 33. Il sort encore dans cet arc le n° 33; mais la tendance de la boule de ce côté s'arrête là.

22 — 14 — 13 — 7 — 20 — 10 — 14 — 1. Symptômes de tendance de la boule vers un arc situé entre les n°s 14 et 33. Les numéros 1 et 33 de cet espace sont déjà compris dans l'arc 1 — 5. Jusqu'ici, les particularités qui surviennent dans cette partie du cylindre sont confuses.

0 — 28 — 19 — 29 — 28. Quittant cette région peu familière, la boule va de nouveau tomber trois fois de suite dans l'arc favori 28 — 22.

32. Mais en même temps s'indique une tendance vers l'arc du S.-O., auquel on se rappelle que les n°s 2 et 25 ont récemment paru se rattacher.

5 — 19. Cette tendance est confirmée par la sortie du n° 19,

9 — 15, puis, à deux coups de là, par la sortie du n° 15.

5 — 25 — 31 — 21. Viennent ensuite, en quatre coups, deux autres chutes de la boule aux numéros 25 et 21,

4 — 4 puis encore deux autres, toutes deux au n° 4. La tendance est intense; elle s'étend du n° 32 au n° 25.

24 — 15. La boule touche de nouveau cet arc par le n° 15,

13 — 11 — 20 — 20 — 32, et ne le quitte qu'après l'avoir encore atteint, au bout de cinq coups, au n° 32.

7 — 13 — 13 — 34. Trois boules tombent dans l'arc 36 — 34, qui, précédemment, a donné à deux reprises de légers signes d'existence.

31 — 31 — 36. Une quatrième fois, la boule tombe dans cet arc, au n° 36.

25 — 14 — 13. Puis une cinquième fois, au n° 13. On remarque d'autre part la concentration de trois broches sur les n°⁸ 31 et 14, région mal connue jusqu'ici.

32 — 0 — 13 — 7 — 36 — 34. La tendance de la boule vers l'arc 36 — 34 s'accuse encore par la sortie des n°ˢ 13, 36 et 34.

33 — 31 — 3 — 0 — 18 — 36. La boule quitte

cette zone; cependant, le n° 36 sort encore, comme réminiscence.

1 — 28 — 1 — 27 — 18 — 30 — 22. Cependant les chutes de la boule dans l'arc 12 — 22 redeviennent fréquentes.

22. En voici encore une,

35 — 26 — 18, suivie d'une autre au n° 18.

32 — 30 — 2 — 32. Puis la boule se dirige au S., sans qu'on voie exactement la place de la tendance en se rapportant aux arcs connus.

2 — 33 — 30 — 24 — 7 — 26. D'ailleurs la tendance en question n'est qu'éphémère; la boule ne touche plus cette place que six coups plus tard, au n° 26.

11 — 24 — 10. Quelques broches se groupent au N.

6 — 32 — 22 — 16. Il semble qu'il s'agisse d'une légère tendance vers la partie supérieure de l'arc 1 — 5, auquel le n° 10 est contigu.

1 — 16. C'est en effet ce que confirme la sortie de ces deux numéros.

7 — 26 — 8 — 27 — 29 — 11 — 22. La boule quitte cette région, où elle ne s'arrête jamais longtemps. Parmi les numéros qui suivent, on en distingue de nouveau trois appartenant à l'arc 12 — 22.

4 — 1 — 29. Le n° 29, qui suit à deux coups d'intervalle, en est aussi.

20 — 25 — 24 — 14. Suit une concentration de broches au N.-E., mais son centre semble être un peu plus bas que celui de la région 1 — 5 qui représente ordinairement les faibles tendances qui se produisent parfois de ce côté.

12. Réminiscence de la dernière tendance vers l'arc 12 — 22.

19 — 10 — 25 — 15 — 25. Viennent ensuite des signes de tendance vers la région 25 — 32,

17 — 22 — 13 — 18 — 30 — 12, puis un nouveau retour de la boule à l'arc 12 — 22.

19. Réminiscence de la dernière tendance 25 — 32.

13 — 29. Ce dernier encore à l'arc 12 — 22,

3 — 28, ainsi que le n° 28.

0 — 31 — 26. Au S. (où l'on a remarqué qu'il y a presque toujours des traces de tendance pendant les périodes d'activité de l'arc 12 — 22) sont maintenant plantées trois broches.

5 — 23 — 28. Ce dernier est une réminiscence de la tendance 12 — 22,

1 — 3, et le n° 3 se rapporte à la tendance annexe qu'on vient de faire remarquer.

11 — 32 — 33 — 1. Symptômes au N.-E.,

2 — 15 — 7 — 9 — 36 — 7 — 14, qui restent sans suites. Les broches s'éparpillent.

27 — 0 — 21 — 1 — 12 — 11 — 27 — 7 — 25 — 5 — 32 — 8. Cette assez longue suite de coups n'offre rien à remarquer.

20 — 33 — 31 — 4 — 33. Elle se termine par un groupement de broches sur un arc 31 — 33, que nous avons déjà eu l'occasion de remarquer en passant,

14 — 20, mais qui témoigne cette fois de plus d'activité, car les deux numéros 14 et 20, qui sortent immédiatement après, lui appartiennent aussi.

32 — 18 — 22 — 7. Nouvelle sortie de trois numéros consécutifs de l'arc 12 — 22,

33 — 20, suivie de celle de deux nouveaux numéros de l'arc 31 — 33.

26 — 33. Encore un numéro de l'arc 31 — 33,

15 — 27 — 5 — 11 — 20 — 20, et, peu après, deux autres encore.

10 — 34 — 21 — 21 — 35 — 9 — 9 — 18 — 2 — 25 — 16 — 25. Dans les douze numéros qui viennent ensuite, on remarque que cinq boules vont toucher les numéros 25, 2, et 21, numéros qui, on le sait, se rattachent à l'arc S. S.-O.

32 est à la limite opposée de cet arc.

22 — 0. Et ce dernier aussi.

5 — 21 — 0. Ces deux derniers dénotent la continuation de la tendance sur toute l'étendue de l'arc,

14 — 35 — 11 — 23, tendance interrompue par la fin de la séance.

* *
*

Dans cette séance, la boule n'a pas manifesté moins de *quinze fois* bien nettement sa tendance à tomber dans l'arc principalement affecté (12 — 22); et, en dehors des périodes de tendance, les fréquentes sorties isolées des numéros composant l'arc ont presque constamment continué de rappeler l'intensité de la tendance.

Les six numéros 12 — 28 — 7 — 29 — 18 — 22, dont se compose l'arc, sont sortis en tout 122 fois sur les 541 coups joués pendant la séance. Ils ont donc fourni 22 1/2 pour 100 des coups de la séance, tandis que, si leur nombre de sorties avait été en rapport avec la longueur de l'arc affecté, ils n'auraient du fournir que 16 1/4 pour 100 du nombre total des coups.

Calcul fait, l'excédent des sorties des numéros de l'arc sur le nombre de sorties qui eût été proportionnel à la longueur de l'arc s'élève à 38 1/2 pour 100.

La période la plus longue et la plus intense de tendance de la boule vers l'arc a eu une durée de 45 coups. Sur ces 45 coups, la boule est tombée 20 fois dans l'arc, c'est-à-dire près d'un coup sur deux en moyenne.

Je ferai remarquer également que, des autres sièges de tendance qui ont manifesté leur existence pendant cette séance, les seuls importants ont été les arcs 4 — 0 (devenu plus tard 25 — 32) et 26 — 35 (devenu ensuite 0 — 35). Les périodes de tendance vers le second de ces arcs précédaient ou suivaient de près tantôt celles de l'arc 25 — 32, tantôt celles de l'arc 12 — 22, ou coïncidaient même parfois avec elles; cet arc n'était donc qu'une annexe tantôt de l'un, tantôt des deux premiers.

En dehors de l'arc, moindre d'une demi-circonférence, formé par la réunion de ces trois zones adjacentes, les périodes de tendance n'ont été que rares et de peu d'intensité.

Enfin les sorties des numéros isolés ont été beaucoup plus fréquentes dans la moitié S. du cylindre que dans la moitié N.

*
* *

Je le répète, les faits observés dans cette

séance ne sont ni isolés, ni exceptionnels. En refaisant le relevé de six mois de séances du Casino de Monte-Carlo qui lui ont été remis avec ce livre, le lecteur en rencontrera de semblables presque à chaque pas. Les séries d'une vingtaine de coups consécutifs portant à peu près exclusivement sur un arc de cinq ou six numéros ne sont même pas rares.

Le lecteur est maintenant au courant de la manière dont j'ai fait ces analyses; il lui reste à arriver par lui-même à voir bien nettement ce qu'il ne fait que commencer à entrevoir. Il faut pour cela qu'il fasse lui-même un grand nombre d'analyses, ainsi que je l'ai dit. Il recueillera de plus, dans ce travail, nombre d'observations de détail, dont plusieurs sont utiles dans l'application. Observations qu'il m'est difficile de consigner ici, soit parce que je serais entraîné trop loin, soit aussi parce qu'elles sont de la catégorie de celles qu'on n'a bien présentes à l'esprit qu'aux moments qui se présentent de les faire à nouveau, à moins qu'on en aie tenu soigneusement note à mesure que l'occasion de le faire se présentait; or, je dois avouer que, sous ce rapport, je suis assez négligent.

CHAPITRE VIII

LOIS DE LA CHUTE DE LA BOULE

J'ai maintenant à résumer les lois qui se dégagent de l'ensemble de mes analyses, et à indiquer le parti qu'on peut tirer de leur connaissance dans la pratique.

Dans les appareils des jeux de roulette, la chute de la boule est affectée par des tendances périodiques vers certaines parties du cylindre.

Le cylindre se divise fictivement en zones, vers chacune desquelles la boule se dirige par périodes, tombant pendant quelque temps fréquemment dans l'une d'elles, pour la délaisser ensuite.

Ces zones sont de grandeur inégale. Leur position n'est pas immuable, mais elle se modifie au contraire après un temps tantôt court, tantôt long. Aucune observation jusqu'ici ne permet d'entrevoir les lois de ces modifications.

La fréquence et l'intensité des périodes de tendance de la boule vers une zone sont inégales pour les différentes zones. Presque toujours il existe une zone dominante, c'est-à-dire vers laquelle la tendance de la boule est le plus intense.

En général la position des zones est nettement déterminée pendant la durée de leur existence. Parfois, à certains de ses moments d'activité, une zone principale s'aggrandit d'une zone secondaire adjacente.

Lorsqu'une zone secondaire se trouve placée entre deux zones principales, ses périodes d'activité concordent le plus souvent avec une partie des périodes d'activité tantôt de l'une, tantôt de l'autre des deux zones principales adjacentes.

Ce cas excepté, la boule n'a généralement de tendance, pendant une période donnée, que vers une seule zone. Les cas de tendance simultanée vers deux zones différentes existent, mais forment l'exception.

Cependant, au moment où se termine la tendance vers une zone et où commence la tendance vers une autre zone, la première continue généralement à exister quelque temps, en s'affaiblissant, pendant que la seconde se développe. La terminaison brusque d'une tendance est l'exception.

Pendant les périodes de tendance vers une zone déterminée, les coups auxquels la boule ne tombe pas dans la zone affectée donnent généralement des numéros disséminés sans ordre appréciable. Cette loi ne doit pas être confondue avec la loi, énoncée plus haut, que la boule n'a généralement de tendance pendant une période déterminée que vers une seule zone. Celle-ci se rapporte aux époques des tendances; celle-là aux directions que prend la boule pendant la durée d'une tendance.

La succession des tendances les unes aux autres a lieu sans loi de temps ni de place appréciable. A certaines époques, il est vrai, les tendances se succèdent avec une certaine régularité entre deux zones déterminées; mais il en est ainsi principalement lorsque ces deux zones sont les seules vers lesquelles la tendance est intense, de manière qu'elle ne peut guère qu'alterner entre l'une et l'autre.

A une époque déterminée, les tendances dont les manifestations sont le plus fréquentes et le plus intenses ont le plus souvent lieu vers des zones situées d'un même côté du cylindre. Le cas contraire, c'est-à-dire celui où les zones les plus affectées sont situées vers les deux extrémités d'un même diamètre, sont de beaucoup les plus rares.

Il résulte de là qu'il est fréquent que, pendant un temps donné, la majorité des coups donne un résultat favorable à un arc du cylindre un peu plus grand ou un peu moindre que la demi-conférence, au détriment du reste de cette dernière.

**

J'ai donné à la série d'observations qui précèdent le nom de *lois*. Je n'ignore pas que le mot est impropre, mais nous sommes ici non dans le domaine scientifique, mais sur le terrain de la technologie, dans laquelle on admet habituellement une certaine élasticité de langage. Je continuerai à m'en servir.

Certes, ces lois sont loin d'avoir la rigueur de celles du mouvement de toute autre machine, d'une machine à vapeur, par exemple. Mais il ne peut en être autrement, puisque les lois du mouvement d'une machine sont le résultat d'une combinaison faite en vue de les obtenir; tandis que dans l'appareil de roulette, au contraire, toutes les ressources de l'art ont été mises en œuvre pour éviter qu'aucune force naturelle produise sur le fonctionnement de la machine des phénomènes constants.

Ce ne serait donc que par une erreur de raisonnement qu'on pourrait s'attendre à trouver, par l'analyse, des lois tout-à-fait rigoureuses aux phénomènes du fonctionnement de la roulette.

Du reste, telles qu'elles sont, ces lois sont suffisantes pour que, d'une part, le mécanicien puisse en rechercher les causes, et pour que, d'autre part, le joueur puisse tirer parti de leur connaissance dans la pratique.

* *

Concernant les causes des lois énoncées, j'ai peu de chose à dire dans ce livre.

Il est clair que la tendance bien établie de la boule à tomber à certaines places ne peut résulter que d'une attraction qui s'exerce entre elle et certaines parties du cylindre ; attraction assez forte pour que, lorsque la vitesse avec laquelle la boule se meut sur la banquette circulaire a été suffisamment réduite par le frottement, le passage en face d'elle de la partie *attrayante* du cylindre détermine sa chute. Si la boule ne rencontre pas d'obstacles dans sa chute, elle tombe dans la zone affectée ; si elle rencontre l'un de ceux dont l'existence a été expliquée dans un chapitre précédent, elle se loge où elle peut.

On pourrait objecter qu'en admettant ce qui précède, encore la place de la case dans laquelle entre la boule serait-elle variable, parce qu'elle dépend de la vitesse relative de la boule et du cylindre.

Je réponds que d'abord, la vitesse de la boule est hors de cause, puisque l'attraction supposée d'une intensité constante, elle ne pourra produire la chute de la boule que lorsque la force vive de cette dernière (sa vitesse, si l'on veut) aura été réduite à un chiffre fixe, déterminé par la force de l'attraction. En d'autres termes, la vitesse de la boule au moment de sa chute est *constante* (est toujours la même) au moment de sa chute.

Quant à la vitesse de rotation du cylindre, elle est variable ; mais, d'une part, un employé donné le fait tourner à chaque coup avec des vitesses peu différentes : c'est question d'habitude chez lui. D'autre part, la vitesse du cylindre est faible comparativement à celle de la boule. Il résulte de ces deux circonstances réunies que le point *attrayant* du cylindre (celui dont la passage détermine instantanément la chute de la boule), — point supposé constant pendant tout le temps de l'existence d'une tendance, — parcourt toujours à peu près la même distance depuis le moment de la chute de la boule juqu'au moment où celle-ci arrive à la circonférence des cases. Par conséquent, la case touchée par la boule sera toujours à peu près la même; la largeur de la zone affectée est en rapport avec l'amplitude des variations de vitesse du cylindre.

Ceci explique également les changements d'allure du jeu que les joueurs ont remarquées aux moments où les employés se remplacent. Chaque employé faisant tourner le cylindre avec une vitesse qui lui est habituelle, l'espace parcouru par le cylindre entre le moment de la chute de la boule et celui de l'entrée de cette dernière dans une case est plus grand avec l'employé qui *tourne vite*, moins grand avec l'employé qui *tourne doucement*. Par conséquent, le point atteint sera plus éloigné du point attrayant avec les premiers, moins éloigné avec les autres. De là aussi probablement, plusieurs des lois signalées plus haut : la position habituelle des zones principales de tendance dans la même demi-circonférence, le rattachement des zones secondaires placées entre deux zones principales tantôt à l'une, tantôt à l'autre de ces dernières, etc.

***

Je reconnais volontiers qu'expliquer une tendance par une attraction, c'est expliquer la raison pour laquelle l'opium fait dormir à la façon du récipiendaire de Molière :

> « *Quia est in eo*
> *Virtus dormitiva,*
> *Cujus est pouvoirum*
> *Sensus assoupire.* »

Je pourrais m'excuser en alléguant qu'il ne manque pas de savants devenus célèbres pour avoir expliqué de la sorte l'homme, la nature, et la surnature. J'aime mieux n'en rien faire et convenir tout bonnement que mon explication ne fait que remplacer un mot par un autre mot.

J'aurais donc à parler à cette place de l'espèce des phénomènes qui produisent dans le jeu des appareils de roulette les résultats que je viens de mettre en relief. Mais je ne le ferai pas, pour deux raisons.

La première est que je n'ai fait jusqu'ici à cet égard que des hypothèses que je n'ai pu vérifier, parce qu'il me faudrait pour cela du temps et des appareils d'expérimentation coûteux que je ne possède pas; d'ailleurs, la première curiosité qu'a fait naître chez moi le jeu de roulette quand j'ai entendu parler des *voisins* est aujourd'hui satisfaite, et je ne me sens pas l'envie de continuer à concentrer indéfiniment mon attention là-dessus.

La seconde, plus intéressante pour le lecteur, est que ce livre ne sera probablement lu que par le public auquel il est destiné, c'est-à-dire par des personnes qui se soucient fort peu de physique et de mécanique, et qui tiennent avant tout à en retirer des connaissances *solides*.

Je me hâte donc de les satisfaire, et de leur dire comment, à mon sens, on peut le mieux utiliser les notions qu'elles viennent d'acquérir.

**

Si l'on examine comment on peut le faire, on reconnaît qu'on se trouve en présence de deux partis à prendre, entre lesquels il faut choisir.

Le premier serait de suivre quelque temps

la marche de l'appareil de roulette — la marche de jeu, si mieux on aime, — et d'observer les zones d'attraction; puis, celles-ci déterminées, d'attendre les moments où une tendance parait se dénoter soit sur chacune d'elles, soit sur celle où l'attraction est le plus intense; de faire alors des mises sur chacun des numéros qui composent l'arc affecté, et de cesser dès qu'on juge que la période de tendance est terminée ou au moment de se terminer.

Le second est de déterminer une règle fixe arbitraire telle, qu'en la suivant aveuglément, l'opérateur bénéficie dans la plus large mesure possible des chutes de la boule dans le ou les arcs affectés, et que, d'autre part, les fréquents commencements de manifestations de tendances non suivis d'effet lui causent le moindre préjudice possible.

Entre ces deux partis, pour ce qui me concerne, j'ai nécessairement dû choisir le second, puisque j'avais à démontrer, outre l'existence de certains phénomènes, la possibilité de les utiliser, et qu'en faisant cette démonstration par la voie d'un écrit livré au public, je ne pouvais pas tirer mes exemples de l'inconnu, de séances en cours, mais seulement du connu, de séances passées. J'ai donc déterminé des règles arbitraires que je vais énoncer, et j'ai relevé les séances du Casino de Monte-Carlo, du 1er avril au 30 septembre 1883, en notant les résultats de l'application passive de ces règles.

Mais on ne doit pas conclure de là que suivre ces règles soit la seule marche à suivre. Chacun peut, à son gré, les suivre, ou les modifier, ou en combiner d'autres, ou enfin opérer sans aucune règle en analysant le jeu à mesure qu'il se déroule. N'étant pas professeur de roulette (il paraît qu'il y en a) et les questions de jeu m'intéressant peu, je n'ai pas de conseils à donner à cet égard. Je ferai seulement en passant deux remarques qui se présentent à mon esprit :

1º Il me parait difficile, je dirai même à peu près impossible, d'arriver à de bons résultats en opérant selon les inspirations que fera naître l'analyse du jeu. Il faudrait établir constamment, entre l'intensité probable de la période de tendance, le nombre probable des numéros de l'arc qui sortiront, le nombre de numéros dont se compose l'arc, et la perte qu'entrainerait l'échec partiel ou total des prévisions, une balance très compliquée, et qui néanmoins fournirait continuellement des mécomptes.

2° S'il est exact — ainsi que j'aime mieux de le croire sans examen que de le vérifier moi-même — que les émotions auxquelles le joueur est en proie paralysent plus ou moins l'usage de ses facultés, il doit être de principe pour lui de se munir d'une arme qui puisse les remplacer autant que faire se peut.

CHAPITRE IX

RÈGLE ARBITRAIRE ET NOTATIONS ADOPTÉES POUR LES RELEVÉS

Voici comment j'ai composé la règle dont je me suis servi pour mes relevés.

J'ai admis arbitrairement qu'une période de tendance de la boule vers une zone est indiquée lorsque la boule tombe dans cette zone trois fois en six coups.

J'ai admis, non moins arbitrairement, qu'une période de tendance vers une zone est terminée lorsque sept coups se passent sans que la boule tombe dans cette zone.

Adoptant, toujours arbitrairement, le chiffre de cinq numéros comme étendue moyenne des zones, j'ai arrêté que mes mises aux moments de tendance seraient toujours faites sur cinq numéros; ni plus, ni moins. Cette convention est en contradiction avec le fait acquis de l'inégalité de grandeur des zones; mais outre que je ne pouvais démontrer impartialement la possibilité d'appliquer favorablement les connaissances exposées à des séances passées, donc connues, sans faire une convention de ce genre, elle a l'avantage de limiter la perte due à chaque erreur à un chiffre fixe en rapport avec le bénéfice qu'il est raisonnable, d'autre part, d'attendre des coups où les faits escomptés se réaliseront. Le chiffre *cinq*, un peu trop faible comme représentation de la moyenne réelle de grandeur des arcs, satisfaisait très bien à l'autre considération, parce qu'il est sous-multiple de 35, nombre de mises payées par le banquier aux numéros gagnants, et que sa multiplication par 7, nombre de coups admis comme représentant l'absence ou la cessation des tendances, donne comme produit le même nombre 35. En un mot, je me suis préoccupé d'établir un rapport convenable entre les pertes temporaires qui auront nécessairement lieu et le produit que peuvent donner les éléments de gain.

J'ajouterai à cette explication que le nombre de trois coups sur six admis comme indice de tendance de la boule vers un arc a été choisi après une observation attentive des relevés. Primitivement, j'avais adopté le nombre de quatre coups sur dix, et j'avais tracé d'abord une règle sur cette base; j'en eus des résultats satisfaisants, mais très-inférieurs à ceux que j'ai obtenus depuis que l'expérience m'a engagé à la modifier.

On peut voir par ces détails que bien qu'elles soient arbitraires, les données que je viens d'indiquer n'ont pas été prises au hasard.

Ces conventions faites, ma règle pour faire un relevé est la suivante :

Faire le diagramme des numéros sortis sur le marqueur circulaire en employant six broches.

Ne pas jouer aussi longtemps que trois broches ne sont pas plantées devant un arc comprenant cinq numéros ou moins.

Dès que trois broches sont plantées devant un arc comprenant cinq numéros ou moins, faire une mise d'une unité sur chacun des cinq numéros de l'arc dans le premier cas, d'un arc de cinq numéros comprenant les numéros couverts dans le second cas (je reviendrai tout à l'heure sur ce second cas).

Si aucun des cinq numéros ne sort, faire une nouvelle mise d'une unité sur les mêmes numéros. Si le second coup reste infructueux, faire de même une troisième fois; et ainsi de suite jusqu'au septième coup, après lequel on s'arrêtera.

Si l'un des cinq numéros de l'arc sort à l'un quelconque des sept premiers coups, et si, après avoir planté la broche devant le numéro sorti, l'arc n'est plus garni que d'une ou deux broches, s'arrêter.

Si enfin l'un des cinq numéros sort et si, après avoir planté la broche devant le numéro sorti, l'arc est encore garni de trois broches ou plus, recommencer une nouvelle série de sept coups en faisant les mises de la même manière.

Exemple :

Supposons que trois broches venant d'être plantées devant les numéros 10, 24, et 33, sortis consécutivement, les numéros sortants aux coups suivants soient :

35 — 25 — 22 — 16 — 10 — 36 — 31 — 21 — 28 — 32 — 6 — 7.

Je procède comme suit :

Au coup suivant la sortie du 33, je fais une mise d'une unité sur chacun des numéros 33, 16, 24, 5, 10.

35 sort.

Je fais une seconde mise d'une unité sur les mêmes numéros.

25 sort.

Nouvelle mise, de même.

22 sort.

Nouvelle mise, de même.

16 sort. Je gagne.

C'est l'un des numéros de l'arc ; je note le résultat *net* des trois coups perdus et du coup gagné.

Comme il y a encore trois broches devant l'arc 33 — 10, je recommence la même opération par une nouvelle mise sur chacun des cinq mêmes numéros.

10 sort. Je gagne.

Je note le résultat du coup. Il y a encore trois broches devant l'arc ; de nouveau, je fais une première mise sur chacun des cinq numéros de l'arc.

36 sort.

Je fais une seconde mise.

31 sort.

Troisième mise.

21 sort.

Quatrième mise.

28 sort.

Cinquième mise.

32 sort.

Sixième mise.

6 sort.

Septième mise.

7 sort.

Je m'arrête et je note le résultat négatif de l'ensemble de ces sept coups.

Second exemple :

Les numéros suivants viennent de sortir :

10 — 19 — 33 — 28 — 34 — 16.

Après la sortie du n° 16, trois broches se trouvent plantées devant l'arc 33 — 10. Je fais une mise d'une unité sur chacun des numéros 33, 16, 24, 5, 10.

22 sort.

Seconde mise sur les mêmes numéros.

21 sort.

Troisième mise.

0 sort.

Quatrième mise.

33 sort.

Je note le résultat *net* des trois coups perdus et du coup gagné. Après la sortie du n° 33, il n'y a plus que deux broches devant l'arc. Je m'arrête.

*
* *

Si deux arcs différents donnent simultanément le signe conventionnel de tendance, c'est-à-dire s'ils sont chacun porteurs de trois broches, j'opère comme il vient d'être dit sur chacun des deux arcs indépendamment de l'autre.

Si les trois broches placées devant un arc ne comprennent qu'un, deux, trois ou quatre numéros, je choisis le ou les autres numéros contigus qui doivent compléter l'arc de cinq numéros en me basant sur les tendances déjà connues, ou à défaut, sur les précédents, ou enfin, s'il n'y en a pas, sur les indices quelconques qui peuvent donner lieu de supposer plus de probabilité de chute de la boule d'un côté ou de l'autre ; *jamais sur la symétrie*. Ceci est une conséquence logique de mon point de départ.

J'adopte l'obligation de faire toujours les mises rigoureusement sur les cinq numéros d'un arc, lorsque cet arc est entièrement déterminé par la position des broches, c'est-à-dire lorsqu'une broche est placée sur chacun des deux numéros terminaux de l'arc de cinq. Je n'admets aucune exception à cette règle, même lorsque, pour la suivre, je suis obligé de placer les mises en partie à côté de l'arc reconnu jusque-là comme siège de tendance.

Ainsi, une tendance étant reconnue sur l'arc 33 — 10, s'il vient à se trouver trois broches sur les numéros 24, 16 et 20, je placerai les mises sur les numéros 24, 16, 33, 1 et 20, bien que ces deux derniers soient en dehors de la tendance, et que je me prive du bénéfices des probabilités de sortie des n°s 5 et 10, compris jusque-là dans l'arc réel de tendance.

Ainsi encore, si, une tendance étant reconnue sur l'arc 33 — 10, et trois broches venant à cet arc, j'ai placé des mises sur les numéros 33, 16, 24, 5, 10 qui le composent; si, après moins de sept coups, l'un des numéros vient à sortir; si, après cette sortie, il ne se trouve plus que deux broches sur l'arc, aux numéros 24 et 16 par exemple, mais qu'il s'en trouve une autre sur le n° 20, je recommencerai une série de mises non plus sur l'arc de tendance 33 — 10, mais sur l'arc 20 — 24.

La rigueur de cette règle a sa raison d'être — outre la nécessité que m'impose ma démonstration d'abandonner le moins possible à mon libre arbitre, — dans la possibilité d'une modification de la position de l'arc de tendance, modification qui peut surgir en chaque instant.

Je tempère cependant ce que cette obligation

a de trop rigoureux par une faculté que je me réserve, et qui n'est autre, d'ailleurs, qu'une nouvelle conséquence logique de mon point de départ. C'est de reporter les mises sur l'arc de tendance reconnu, ou aussi près que possible de cet arc, si, ayant été obligé par la règle à faire les mises à côté de l'arc, il vient à sortir un numéro de l'arc. Car cette sortie indique que la tendance réelle est restée à la même place. Je nomme ceci, pour abréger, le langage, *faire un changement*.

Je m'accorde encore la faculté de faire un *changement* si, ayant, pour suivre la règle, fait les mises sur un arc où il n'y a pas de tendance et aux environs duquel aucune tendance n'a été reconnue jusque-là, il vient à sortir au moins deux numéros aux environs de l'arc. Pareil fait peut, en effet, dénoter la formation d'une zone d'attraction nouvelle.

Ainsi, supposant une tendance reconnue sur l'arc 33 — 10; si j'ai été obligé par la règle à faire les mises sur les n°s 20, 1, 33, 16 et 24, mais que, dans les sept coups, le n° 5 vienne à sortir, je me réserve la faculté de reporter les mises sur les numéros 33, 16, 24, 5, et 10, jusqu'à la fin des sept coups ou jusqu'à la sortie de l'un de ces cinq numéros.

Pareillement, si j'ai été obligé par la règle à faire les mises sur les numéros 20, 1, 33, 16 et 24, sur lesquels il n'existe pas de tendance, non plus qu'aux environs, et si dans les sept coups il sort deux fois le n° 23, ou bien encore le n° 10 et le n° 23, je me réserve la faculté de reporter les mises sur les numéros 16, 24, 5, 10 et 23 jusqu'à la fin des sept coups ou jusqu'à la sortie de l'un de ces cinq numéros.

Il est bien entendu que le *changement* n'est pas le point de départ d'une nouvelle série de sept coups, mais qu'il y a seulement continuation sur *l'arc changé* de la série commencée sur *l'arc obligatoire*.

Malgré que la faculté des *changements* soit une déduction logique de mes prémisses, je n'en ai usé dans mes relevés qu'avec la plus grande sobriété, et j'ajouterai que si c'était à refaire, je n'en userais pas du tout : le résultat des relevés serait le même à bien peu de chose près et j'aurais eu plus de force pour mettre le lecteur en garde contre les fâcheuses conséquences qui peuvent résulter de l'usage du libre arbitre, l'usage me paraissant devoir presqu'infailliblement entraîner l'abus en pareille matière. Malheureusement, je ne possède pas les qualités nécessaires pour, comme dit Boileau,

« Vingt fois sur le métier remettre son ouvrage »

— surtout quand il s'agit d'un labeur aussi long et aussi pénible que ces relevés. Maintenant ils sont faits, et ils resteront tels qu'ils sont.

Encore une observation. Il va sans dire que, puisque je me suis obligé à changer une bonne place contre une mauvaise si la règle l'exige, d'autre part j'admets d'en changer une mauvaise contre une bonne si la règle le permet. C'est ce qui a lieu dans le cas suivant :

Une tendance ayant été reconnue sur l'arc 33 — 10, la règle vient à m'obliger à faire des mises sur les numéros 20, 1, 33, 16, et 24. A l'un des sept coups, le n° 16 sort ; à ce moment il y a encore des broches devant les numéros 24 et 33. Trois broches se trouvent donc alors plantées sur les n°^{s} 33, 16, et 24, qui font tous trois partie et de l'arc 20 — 24, et de l'arc de tendance 33 — 10. Je dois recommencer une nouvelle série de sept coups : je la recommencerai non plus sur l'arc 20 — 24, mais sur l'arc de tendance 33 — 10, la règle me permettant de le faire aussi bien sur cet arc que sur l'arc 20—24.

⁂

Voilà mes règles, ou plutôt ma règle, puisqu'il n'y en a qu'une et que je ne la tempère que d'une seule exception, le *changement*.

Je n'ignore pas les objections qu'on peut y faire : qu'on pourrait se dispenser de faire des mises sur les arcs où il n'y a pas de tendance reconnue, qu'on pourrait ne pas attendre la sortie de trois numéros pour faire des mises sur un arc reconnu siège d'une tendance très intense et que deux suffiraient dans ce cas… etc. A ceux qui me feraient ces objections, je répondrais qu'ils ont raison et que chacun peut arranger sa règle à sa guise. Je conviens très-volontiers que la mienne peut être modifiée avantageusement à certains égards. Je n'avais en vue que de montrer la possibilité d'arriver à un but déterminé ; j'en ai pris une simple et m'épargnant de la besogne. Elle a fourni des résultats constamment satisfaisants ; *a fortiori* en sera-t-il de même si on la perfectionne.

En résumé, à part les *changements*, dont je

n'ai usé que très peu et dont il vaudrait peut-être encore mieux de ne pas user du tout, l'exercice du libre arbitre est réduit au choix de la position des arcs de mises lorsqu'ils ne sont déterminés qu'en partie par la position des broches. Mais, même ainsi réduit, cet exercice comporte une analyse constante du jeu à mesure qu'il se déroule, une observation soutenue de tout ce qui se passe sur le pourtour du cylindre.

Les lecteurs qui croiraient bon de modifier ma règle devront mettre toute leur attention à bien choisir les conventions arbitraires qu'ils prendront pour bases. Il est surtout important de fixer avec discernement le rapport du nombre des numéros sur lesquels les mises sont faites au nombre de coups pendant lesquels on les fait. Autrement, les coups infructueux pourraient grever lourdement l'ensemble des opérations.

Je crois qu'il est aussi très-recommandable d'éviter la complication. On n'a qu'un temps limité pour se préparer à chaque coup : plus la règle sera simple, plus seront longs les moments dont on pourra disposer pour analyser le jeu.

*
* *

Je vais montrer comment un relevé doit être fait suivant ma règle en reprenant l'une des séances que j'ai analysées plus haut. Mais, avant de commencer, je dois mettre le lecteur au courant des conventions que j'ai adoptées pour la composition des tableaux dans lesquels sont consignés les 183 relevés des séances de Monte-Carlo du 1er avril au 30 septembre 1883. J'ai tâché de rendre ces tableaux bien clairs. Soit dit en passant, je n'y suis arrivé qu'avec assez de peine; ce qui paraîtra singulier au lecteur, eu égard à la simplicité des notations. Mais c'est précisément cette simplicité qu'il s'agissait d'obtenir. Il n'y a rien de plus compliqué que d'arriver au simple.

Dans les tableaux, les colonnes sont séparées par des filets forts. Chaque colonne est subdivisée en trois sous-colonnes par des filets plus fins.

La première sous-colonne, intitulée S (*séance*), contient la liste complète des numéros sortis dans la séance, dans l'ordre exact de leur sortie. Ces listes ont été copiées sur la publication quotidienne intitulée « *le Marqueur de la Roulette de Monte-Carlo* » publiée à Nice, qui passe pour la plus consciencieusement faite de celles de ce genre. Il n'existe pas de relevé officiel. Les relevés de la publication précitée, et par conséquent les miens, se rapportent tous à la table de roulette n° 2 du Casino.

La seconde sous-colonne, intitulée A (*arcs*), indique les arcs de cinq numéros sur lesquels les mises sont faites. L'arc est désigné par son axe, c'est-à-dire par le numéro du milieu. Ainsi, l'arc 33 — 10 est désigné par 24. L'indication de l'arc *misé* (abrégeons le langage, tant pis pour la langue) est inscrite en face du numéro sortant qui obligeait à faire la mise ; — autrement dit, en face du numéro après la sortie duquel on doit commencer les sept mises consécutives. Il n'est inscrit aucune indication de la fin des séries de mises ; c'est inutile, puisqu'il est entendu que, s'il ne sort aucun des numéros de l'arc *misé*, on cesse les mises après le septième coup ; et que, d'autre part, si un numéro sort et qu'il y ait lieu de recommencer une nouvelle série de mises, la désignation de l'arc *misé* est inscrite de nouveau en face du numéro sortant qui détermine l'obligation de *miser* à nouveau.

La troisième sous-colonne porte le titre P (*produit*). Elle contient une inscription en face de chacune de celles de la seconde sous-colonne, c'est-à-dire en face de la désignation de chaque arc *misé*. Cette inscription représente le résultat *net* des mises faites sur l'arc. Si ce résultat est *positif*, c'est-à-dire favorable, il est figuré par le nombre représentant la somme nette gagnée ou, pour parler plus exactement, le nombre net des unités gagnées. S'il est *négatif*, c'est-à-dire défavorable, il est simplement figuré par le signe — (le signe arithmétique *moins*). Tous les résultats défavorables sont égaux à 35, puisqu'ils sont tous la conséquence de la perte de 7 mises de 5 unités. Il est donc inutile de répéter à chacun d'eux ce nombre 35; le signe — suffit. Pour obtenir le chiffre total des pertes pendant une séance, il suffit donc de compter combien de fois le signe — est répété dans la troisième colonne, et de multiplier ce nombre par 35.

Lorsque le résultat d'une série de mises est positif, au contraire, il est toujours représenté par un nombre; et, pour avoir le total des gains d'une séance, il suffit de faire l'addition de tous les nombres inscrits dans la troisième colonne.

Le résultat *net* de la séance s'obtient en retranchant la somme des pertes de la somme des gains. Cette opération figure au haut de chaque tableau, à droite, sous le titre de *Résultat*.

Lorsque le résultat net d'une série de mises est positif, il est égal à :

35 — 4............. si le premier coup gagne, ou ... 31
35 — 5 — 4......... si le deuxième coup gagne, ou ... 26
35 — 2 fois 5 — 4... si le troisième coup gagne, ou ... 21
35 — 3 fois 5 — 4... si le quatrième coup gagne, ou ... 16
35 — 4 fois 5 — 4... si le cinquième coup gagne, ou ... 11
35 — 5 fois 5 — 4... si le sixième coup gagne, ou ... 6
35 — 6 fois 5 — 4... si le septième coup gagne, ou ... 1

Le nombre inscrit dans la troisième colonne, en face de la désignation de l'arc dans la seconde, indique donc à la fois la somme nette gagnée et le coup auquel le gain a eu lieu ; lequel coup, du reste, est également indiqué dans la première colonne, puisque le numéro déterminant le gain y figure à son rang.

Dans la seconde colonne, on aperçoit par places (cinq ou six par séance en moyenne), deux nombres imprimés en petits caractères. Ce sont les *changements*. Le numéro représentant l'arc d'abord *misé* est inscrit à la place habituelle ; puis, en dessous, dans l'interligne, est inscrit le numéro représentant l'arc *changé*. Quant au moment auquel le *changement* a eu lieu, il est indiqué par les lettres *ch.*, inscrites dans la deuxième colonne, en face du numéro dont la sortie a déterminé le *changement*,

Enfin le nombre ou les deux ou trois nombres inscrits en petits caractères à côté du signe — à la fin de certains tableaux indiquent le résultat négatif, moindre que 35, de séries de mises interrompues par la fin de la séance.

Voilà tout. J'espère que cette notation deviendra presque immédiatement familière au lecteur, pour la commodité duquel je me suis efforcé de la rendre simple et claire.

Je reprends maintenant la séance 22 juillet, et je prie le lecteur de faire avec moi le relevé des opérations auxquelles elle a donné lieu. Je lui fais encore une autre prière : c'est d'excuser certains barbarismes qui reviendront continuellement dans ce relevé, et dont j'ai dû me servir pour abréger le langage dans le chapitre qui suit.

CHAPITRE X

RELEVÉ DE LA SÉANCE DU 22 JUILLET 1883

19 — 22 — 25 — 6 — 25. Trois broches se trouvant sur les numéros 6 et 25, je place des mises sur les cinq numéros de l'arc 17, dont je choisis le nº 2 en ayant égard aux précédents de la séance antérieure (je dirai dorénavant pour abréger : *je mise l'arc 17*).

28 — 9 — 33 — 2. L'arc 17 sort au quatrième coup, par le n° 2 ; gain net, 16 unités, que j'inscris à la troisième colonne. Trois broches se trouvant encore sur l'arc 17, je mise de nouveau cet arc.

13 — 22 — 10 — 33. Trois broches sur l'arc 24. Je mise cet arc.

11 — 15 — 33. Sorti au troisième coup (je dirai dorénavant pour abréger : *sorti troisième*). Gain net 21 unités, que j'inscris à la troisième colonne (je dirai tout court : *j'inscris 21.*) Sur ces entrefaites, les sept coups sur l'arc 17 se sont terminés par un résultat négatif (je dirai

dorénavant : *l'arc 17 est perdu,* ou *l'arc 17 perd*). J'inscris cette perte.

Trois broches se trouvent encore sur l'arc 24, que je mise de nouveau.

11 — 33. Sorti deuxième ; j'inscris 26. Trois broches sur le n° 33 ; vu des précédents antérieurs à la séance, je mise l'arc 33.

28 — 26 — 28. Trois broches à l'arc 35, que je mise.

7 — 8 — 10 — 8. Trois broches sur les numéros 8 et 10. Je mise l'arc 8. Entretemps, l'arc 33 perd.

8. Sorti premier ; j'inscris 31. Je mise à nouveau l'arc 8.

26. L'arc 35 sort sixième ; j'inscris 6.

28 — 20 — 4 — 32 — 7 — 9 — 7. Je mise l'arc 8. Entretemps l'arc 8 perd.

4. Je mise l'arc 15, que je choisis eu égard à des précédents.

11 — 12 — 6 — 10 — 0. Sorti cinquième ; j'inscris 11.

19 — 32. Je mise l'arc 15. (Remarquez que la tendance sur cet arc continuait manifestement, et que, pour suivre la règle, j'ai été privé du bénéfice des sorties consécutives des n°ˢ 19 et 32). — Pendant ce temps, l'arc 18 perd.

13 — 13 — 15. L'arc 15 sort troisième ; j'inscris 21 et je le mise à nouveau.

34. Je mise l'arc 27.

20 — 6. Sorti deuxième ; je mise à nouveau l'arc 27 (dorénavant je passerai sous silence l'inscription des gains ; le lecteur voit maintenant comment je la fais).

2 — 36. Sorti deuxième ; je mise à nouveau l'arc 27.

11 — 32. L'arc 15 sort septième.

22 — 22 — 27. L'arc 27 sort cinquième. Je mise l'arc 13, par le choix duquel je me rapproche de l'arc 27 autant que la règle le permet.

17 — 0 — 15 — 11. Sorti quatrième.

34. Je mise l'arc 6, que je choisis en me rapprochant autant que la règle le permet de la région où la tendance paraît avoir son centre.

1 — 12 — 1 — 6. Sorti quatrième.

30 — 28 — 13. Observez que, malgré que la tendance continue visiblement à l'O., la règle m'a interdit de bénéficier de sa continuation. Mais ici la règle a du bon, parce que la grande largeur de l'arc de tendance expose à des mécomptes.

32 — 9 — 26 — 17 — 29 — 2 — 0 — 11 — 30 — 32 — 14 — 26. Je mise l'arc 32, que je choisis

en me rapprochant autant que possible de l'arc 15 où paraît être le siège de tendance.

34 — 5 — 34 — 30 — 15. Sorti cinquième.

34. Je mise l'arc 27. Il n'y a de couvert que son numéro terminal 34, mais en choisissant cet arc, je me place vers le centre de la tendance.

30. Ce numéro fait évidemment partie de l'arc réel de tendance, mais il est au delà de l'arc misé d'après la règle. L'arc de tendance est trop large. Je mise l'arc obligatoire 23.

16 — 5. Sorti deuxième; je mise cet arc à nouveau.

27. L'arc 27 sort quatrième.

35 — 14 — 2 — 34 — 36. Je mise l'arc 27.

12 — 10 — 24 — 36. Sorti quatrième. Je mise l'arc 27 à nouveau. Sur ces entrefaites, l'arc 23 perd.

16. Je mise l'arc 24, que je choisis en ayant égard au précédent du commencement de la séance.

1. Ce numéro est au delà de l'arc misé, mais il confirme que la tendance est bien du côté que j'ai choisi.

14 — 24. L'arc 24 sort troisième; je le mise à nouveau.

22 — 2 — 10. Sorti troisième. Entretemps

(je vous demande pardon de continuer à me servir de ce vocable peu français créé par les marchands de mercerie en gros pour les besoins de leurs salutations ; il a l'avantage d'aller vite. Les marchands de mercerie en gros ont du bon... quelquefois) — entretemps, l'arc 27 perd.

7 — 7. Je mise l'arc 29. Position choisie en coïncidence avec le siège de la tendance observée.

33 — 0 — 29. Sorti troisième. Je mise à nouveau cet arc.

0 — 18. Sorti deuxième. Je mise à nouveau.

18. Sorti premier. Je mise à nouveau.

16. — 7. Sorti deuxième. Je mise à nouveau.

31 — 5 — 23. Je mise l'arc obligatoire 5.

15 — 6 — 22. L'arc 29 sort sixième.

6 — 32 — 22 — 0 — 4. Je mise l'arc 15. Position obligée, mais en coïncidence avec l'arc de tendance. Entretemps l'arc 5 a perdu.

29 — 28. Je mise l'arc 29, obligatoire et en coïncidence avec la tendance.

16 — 17 — 10 — 1 — 12 — 24. Je mise l'arc 24, choisi conformément aux précédents. La tendance vers cette zone comprend également le numéro 10 et le numéro 1 ; au petit bonheur !

20 — 15 — 11 — 35 — 10. Sorti cinquième. Entretemps l'arc 29 a perdu.

9 — 17 — 19 — 28 — 21 — 5 — 2. J'ai le choix entre l'arc 4 et l'arc 25, dont le premier me rapproche de l'arc de tendance 15 et le second de la tendance de l'O. Comme le n° 2 a paru jusqu'ici se rapporter plus ou moins à cette dernière et que, par conséquent, elle est représentée par deux broches tandis que la tendance vers l'arc 15 n'est représentée que par la seule broche du n° 19, je choisis la tendance de l'O., et je mise l'arc 25.

?? — 12 — 28. Je mise l'arc 7, qui me rapproche le plus de l'arc de tendance 29.

12. Sorti premier. Je mise le même arc à nouveau.

17. L'arc 25 sort quatrième.

26 — 34 — 12. L'arc 7 sort quatrième. Je mise l'arc 35, qui me rapproche du siège de la tendance en cours.

16 — 16 — 21 — 22 — 20. Je mise l'arc 33, me rapprochant du centre de tendance, qui est 16 ou 24.

35. L'arc 35 sort sixième.

27 — 22 — 12 — 27 — 32 — 34. Je mise l'arc 27, conformément aux précédents de cette région.

27. Sorti premier. Je mise à nouveau. Entre-temps l'arc 33 est perdu.

23 — 29 — 29 — 2 — 18. Je mise l'arc 29, siège de la tendance.

23 — 34. L'arc 27 sort septième.

25. Je mise l'arc 17, me rapprochant du centre de la tendance à l'O.

2. Sorti premier. Je mise à nouveau.

32 — 15 — 26. Après avoir noté la perte de l'arc 29, je mise l'arc 32, me rapprochant de l'arc 15, centre de la tendance observée 4 — 0.

20 — 6. L'arc 17 sort cinquième.

12 — 13 — 18 — 3 — 7. Je mise l'arc 7, qui se rapproche le plus de la tendance principale 29. Entre temps l'arc 32 a perdu.

6 — 16 — 11 — 0 — 16. Je mise l'arc 13.

5. Je mise l'arc 24, conformément aux précédents.

24. Sorti premier. Je mise l'arc à nouveau. Cependant l'arc 7 a perdu.

8 — 14 — 32 — 33. L'arc 24 sort quatrième; je le mise à nouveau.

12 — 12 — 9 — 12. Je mise l'arc 12, ce numéro étant seul couvert et la tendance à laquelle il se rapporte ordinairement s'étendant du n° 26 au n° 7.

DU JEU DE ROULETTE   169

31 — 16. L'arc 24 sort sixième. Entretemps l'arc 13 a perdu.

25 — 6 — 2. Je mise l'arc obligatoire 17.

4 — 12. L'arc 12 sort sixième.

6. L'arc 17 sort troisième. Je mise l'arc 34, me rapprochant du centre de la tendance à l'O.

1 — 5 — 33. Je mise l'arc obligatoire 16, également arc de tendance.

35 — 28 — 9 — 36 — 20 — 28. Je mise l'arc 28, me rapprochant le plus de l'arc 29.

10. Appartient à l'arc de tendance 1 — 10, mais comme la règle m'avait obligé à miser l'arc 16, cette sortie est de nul effet, et je note la perte de cet arc.

4 — 36 — 21 — 8 — 33 — 9 — 5 — 25 — 7 — 21 — 35 — 10 — 8 — 33 — 8. Les numéros couverts 8 et 10 ne donnent pas d'indices. Aucun numéro faisant partie de la tendance de l'O. n'étant sorti depuis longtemps, tandis qu'il en est sorti dernièrement un certain nombre de l'arc de tendance 1 — 10, je me rapproche de ce dernier, et je mise l'arc 10.

22 — 28 — 1 — 22. Je mise l'arc 29.

4 — 7. Sorti deuxième. Je mise à nouveau.

3. L'arc 10 perd.

6 — 4 — 27 — 19 — 11. Je mise l'arc 13.

30. L'arc 29 perd.

8 — 9 — 29 — 26 — 20 — 4 — 13 — 6 — 11. Je mise l'arc 13, en remarquant que la largeur de l'arc de tendance de l'O., où l'arc 13 vient d'être perdu, nuit au succès des opérations, bien que la tendance vers cet arc reste nettement visible.

12 — 10 — 25 — 36. L'arc 13 sort quatrième.

7 — 8 — 17 — 14 — 12 — 25 — 32. Arc 13 perdu.

12 — 25 — 11 — 26 — 24 — 15 — 34 — 28 — 23 — 26 — 32. Je mise l'arc 32.

35 — 12. Je mise l'arc 28, me rapprochant de l'arc 29.

35. Sorti premier. Je mise à nouveau.

33 — 5 — 29. Sorti troisième. Je mise à nouveau.

7. Sorti premier. Je mise à nouveau. Entretemps l'arc 32 perd.

2 — 21 — 12. L'arc 28 sort troisième. Je mise l'arc 7, me rapprochant de l'arc de tendance 29.

21. Les numéros 2 et 21 sont seuls couverts par trois broches. Je mise l'arc 2, ce numéro paraissant avoir des communautés d'époques de sortie avec les numéros 25 et 17.

33 — 30 — 31 — 24 — 32 — 21. Sorti sixième. L'arc 7 perd.

35 — 21. Je mise l'arc obligatoire 19.

6 — 26 — 10 — 16 — 18 — 3 — 3. Je mise l'arc 35, les numéros couverts 26 et 3 faisant partie d'un arc de tendance dont ces numéros forment la pointe gauche. Entretemps, l'arc 19 perd.

27 — 23 — 5 — 22 — 24. Je mise l'arc 5, qui se rapproche le plus de l'arc de tendance dans cette région.

23. Sorti premier. Je mise à nouveau l'arc 5.

29 — 31. Je mise l'arc obligatoire 22. Entretemps l'arc 35 a perdu.

14 — 28 — 33 — 23. L'arc 5 sort sixième.

2 — 22. L'arc 22 sort sixième.

28. Je mise l'arc 28.

22. Sorti premier. Je mise à nouveau.

14 — 11 — 15 — 15 — 12 — 6 — 20 — 13 — 29 — 22 — 1 — 33. Après avoir inscrit la perte de l'arc 29, je mise l'arc 33, qui me rapproche de l'arc de tendance du N. N.-E.

9. Je mise l'arc 18, me rapprochant de l'arc 29.

12 — 16. L'arc 33 sort troisième. Je mise à nouveau, mais sur l'arc 16, qui représente

mieux le centre de tendance vers cette zone que l'arc 33.

26 — 9. L'arc 18 sort quatrième.

21 — 16. L'arc 16 sort quatrième.

26 — 10 — 9 — 16 — 17 — 34. Me rapprochant autant que possible du centre du large segment de l'O., je mise l'arc 6.

13. Sorti premier. Je mise à nouveau.

32 — 28 — 20 — 27. Sorti quatrième. Je mise à nouveau, en reportant l'axe au n° 27 pour me placer mieux au siège de la tendance à l'O.

10 — 31 — 7 — 35 — 0 — 36. Sorti sixième.

11 — 15 — 34 — 19. Je mise l'arc 15, siège d'une tendance qui ne s'est pas manifestée depuis assez longtemps.

16 — 7 — 22 — 16 — 29. Je mise l'arc 29.

33. Je mise l'arc 24, conformément aux précédents.

34 — 14 — 30 — 36 — 4 — 12 — 36. Les arcs 32, 29 et 24 ont été successivement perdus. Je mise l'arc 36, me rapprochant du centre de la tendance à l'O.

27. Sorti premier. Je mise à nouveau.

18 — 4 — 3 — 14 — 32 — 27. Sorti sixième.

35. Je mise l'arc obligatoire 26.

35. Sorti premier. La tendance en cours étant évidemment celle du S.-E., je me rapproche le plus possible de cette direction, et je mise l'arc 12.

12. Sorti premier. Je mise à nouveau.

17 — 31 — 20 — 13 — 7. Sorti cinquième.

26 — 7 — 13 — 25 — 7. La tendance sur l'arc 29 ayant faibli depuis quelque temps, et le n° 12 sortant plus fréquemment, je mise l'arc 7.

8 — 17 — 30. Je mise l'arc obligatoire 11.

13. Sorti premier. Mise à nouveau.

7 — 6 — 24 — 19 — 3 — 22 — 33. Arc 11 perdu.

4 — 12 — 4 — 33 — 7 — 5 — 3. Je mise l'arc obligatoire 12.

7. Sorti premier. Mise à nouveau.

12. Sorti premier. Mise à nouveau.

1 — 18 — 28. Sorti troisième. Je mise l'arc 7, devenu le centre de la tendance de ce côté.

21 — 14 — 5 — 9 — 26 — 23 — 35 — 17 — 35. L'arc 12 perd. Je mise l'arc 35 ; inutile de rappeler que c'est vers la droite des numéros couverts 26 et 35 qu'est la tendance.

30 — 26. Sorti deuxième. Je mise à nouveau.

1 — 12. L'arc 35 sort deuxième. Je le mise à nouveau.

5 — 15 — 16 — 9 — 35. Sorti cinquième.

22 — 2 — 25 — 14. Je mise l'arc 9. La région misée n'offre du reste rien de précis.

2. Je mise l'arc 17, me rapprochant du siège de la tendance à l'O, comme je l'ai fait jusqu'ici lorsque les n° 2 et 25 étaient seuls couverts.

0 — 30 — 11 — 19 — 36. Je mise l'arc 11, le n° 8 ayant dernièrement participé à la tendance vers la partie supérieure de l'arc de l'O.

32. Je mise l'arc 15.

4. Sorti premier. Je mise à nouveau.

8. L'arc 11 sort troisième ; je le mise à nouveau.

11. Sorti premier. Mise à nouveau.

0. L'arc 15 sort troisième. Je mise à nouveau.

3 — 32. Sorti troisième. Je mise à nouveau. J'ai noté la perte des arcs 9 et 17.

7 — 20 — 32. L'arc 15 sort troisième. La sortie des n°ˢ 7 et 3 indiquant la proximité d'une tendance au S.-E., zone depuis longtemps plus intense que l'arc 15, je mise l'arc 26.

26. Sorti premier. Mise à nouveau. Entre temps l'arc 11 est perdu.

7 — 13 — 31 — 13 — 11. Je mise l'arc 13, la tendance paraissant le plus intense vers le centre de la zone de l'O.

17 — 35. L'arc 26 sort septième.

4 — 12 — 29. Je mise l'arc obligatoire 28.

17. Je mise l'arc obligatoire 2.

29. L'arc 28 sort deuxième ; je le mise à nouveau.

11 — 19 — 11 — 17. L'arc 2 sort cinquième.

31 — 32 — 16. L'arc 28 est perdu.

26 — 1 — 4 — 4. Je mise l'arc 19, les sorties précédentes du n° 17 avec le n° 4 me faisant présumer qu'une tendance vers la gauche a pris naissance.

33. Je mise l'arc 16, comme à l'ordinaire de ce côté.

12 — 9 — 21. L'arc 19 sort quatrième ; je le mise à nouveau.

36 — 21. Sorti deuxième.

16. L'arc 16 sort sixième.

33 — 5. Je mise l'arc 24.

23 — 19 — 16. Sorti troisième. Je mise à nouveau.

30 — 27 — 0 — 8 — 0 — 9 — 15. Je mise l'arc 15, et je note la perte de l'arc 24.

33 — 1 — 13 — 6 — 31. Je mise l'arc obligatoire 20.

27. Je mise l'arc 27, centre de l'arc de tendance.

26 — 8 — 34. Sorti troisième. Entretemps l'arc 15 est perdu.

28 — 16 — 15. L'arc 20 est perdu.

28 — 7. Je mise l'arc 7.

0 — 16 — 17 — 3 — 18. Sorti cinquième. Entretemps l'arc 27 est perdu.

24 — 35 — 24 — 5. Je mise l'arc 24.

34 — 4 — 12 — 20 — 16. Sorti cinquième.

18 — 20. Je mise l'arc 33, me rapprochant du centre de l'arc de la tendance au N.-E.

36 — 17 — 32 — 28 — 30 — 18 — 10 — 29. Comme on sait déjà que le centre de l'arc de tendance dans la zone S.-E. a dévié vers la gauche, je mise l'arc 7. Je note la perte de l'arc 33.

29. L'arc 7 sort premier ; je le mise à nouveau.

27 — 15 — 28. Sorti troisième. Mise à nouveau.

20 — 10 — 25 — 5 — 6 — 15 — 3. L'arc 7 est perdu.

24 — 19 — 12 — 7. Je mise l'arc 12.

7. Sorti premier. Je mise à nouveau.

30 — 3. Sorti deuxième. Je mise à nouveau.

6 — 22 — 9 — 34 — 10 — 11 — 34. L'arc 12 est perdu.

35 — 19 — 4 — 2. Je mise l'arc 4, me rapprochant du centre de l'arc à tendance 21 — 0.

4. Sorti premier. Mise à nouveau.

34 — 19. Sorti deuxième. Mise à nouveau.

17 — 17. Je mise l'arc 34.

22 — 11 — 36 — 19. L'arc 4 sort sixième.

14 — 6. L'arc 34 sort sixième. Je mise l'arc 13, obligatoire.

28 — 0 — 27. Sorti troisième.

22 — 22. Ayant à choisir entre deux arcs, je n'hésite pas à choisir l'arc 29, puisque l'autre ne se trouve pas sur un siège de tendance. Je mise donc l'arc 29.

22. Sorti premier. Mise à nouveau.

31 — 34 — 11 — 28. Sorti quatrième. Mise à nouveau.

31 — 23 — 29. Sorti troisième.

31. Je mise l'arc obligatoire 22, et je remarque les sorties fréquentes du n° 31 pendant la présente tendance sur l'arc 29.

36 — 15 — 19 — 22. L'arc 22 sort quatrième. Je le mise à nouveau.

34 — 8 — 7 — 6. La séance est terminée avant que le résultat de cette mise soit décisif. Je note la perte de quatre coups, c'est-à-dire de 20 unités.

*
* *

Récapitulant les résultats inscrits dans la troisième colonne, on trouve que l'addition des sommes positives donne un total de 1950 unités gagnées, et l'addition des sommes négatives, un total de 1560 unités perdues. La différence de ces deux totaux, 390 unités, représente le gain net.

Il serait inutile de multiplier ces exemples. Celui qui vient d'être donné montre suffisamment que, tout en appliquant rigoureusement la règle quelconque que l'on adopte, il faut faire sans interruption l'analyse du jeu, en observer l'ensemble et les détails, en s'attachant à déterminer aussi nettement que possible les arcs de tendance et le siège de leur plus grande intensité, et à suivre les modifications qui se produisent périodiquement dans leur position.

CHAPITRE XI

Conclusion

En récapitulant les résultats des relevés des séances du 1er avril au 1er septembre 1883 du Casino de Monte-Carlo (table n° 2) faits d'après la règle que je me suis tracée pour démontrer la possibilité d'utiliser, dans la mesure du possible, la connaissance des lois de la chute de la boule sur le cylindre de l'appareil de roulette, on trouve les chiffres suivants :

176 séances ont donné un résultat positif, s'élevant au total à......................	92.620
7 séances out donné un résultat négatif, s'élevant au total à......................	1.008
Le résultat net positif, c'est-à-dire la différence des deux sommes précédentes, s'élève à....	91.610
La moyenne du gain, pour chacune des 176 séances à résultat positif, est de..........	526
La moyenne de la perte, pour chacune des 7 séances à résultat négatif, est de..........	144
Le rapport du nombre des séances favorables au nombre total des séances est $^{176}/_{183}$, ou à peu près..............................	96 %

Le rapport du nombre des séances défavorables au nombre total des séances est $7/183$, ou à peu près..	4 %
Enfin, la moyenne générale du résultat des 183 séances est positive et s'élève par séance à.	501

Je pense que ces chiffres suffisent à établir ce que je me proposais de démontrer, et que des développements supplémentaires sont superflus.

Ceux qui voudront appliquer tout ce qui précède ne devront pas commencer à le faire, à mon avis, avant de s'être longuement exercés. Ainsi que je l'ai fait remarquer, ces exercices ajouteront aux notions qu'ils auront puisées dans ce livre nombre d'observations de second ordre, mais qui n'en sont pas moins utiles. On se convaincra d'ailleurs que cette dernière réflexion livrée au lecteur n'est pas superflue en refaisant mes relevés; ceux des derniers mois sont beaucoup mieux faits que ceux des premiers, parce que j'avais acquis une habitude de ces analyses qui me manquait en commençant.

Je termine en ajoutant un paradoxe à ceux que j'ai semés dans les chapitres de ce livre. Si la combinaison mathématique du jeu de roulette est parfaite, inattaquable, la roulette n'est pourtant pas tout-à-fait un jeu de hasard ; et il en sera toujours ainsi, parce qu'il faut faire rendre les oracles de la combinaison mathémathique par un appareil mécanique, qui aura toujours des inconvénients.... à moins qu'on en vienne à se servir de cartes.

FIN.

TABLE

	Pages
Préface...	5
CHAPITRE Ier. — La combinaison mathématique de la Roulette.............................	9
CHAPITRE II. — L'appareil mécanique de la Roulette..	27
CHAPITRE III. — Le Marqueur circulaire.......	40
CHAPITRE IV. — Analyse de la séance du 22 Juillet 1883..............................	51
CHAPITRE V. — Analyse de la séance du 23 Juillet 1883..............................	74
CHAPITRE VI. — Analyse de la séance du 24 Juillet 1883..............................	93
CHAPITRE VII. — Analyse de la séance du 18 Juillet 1883..............................	114
CHAPITRE VIII. — Lois de la chute de la boule.	132
CHAPITRE IX. — Règle arbitraire et notation adoptées pour les relevés...................	144
CHAPITRE X. — Relevé de la séance du 22 Juillet 1883....................................	162
CHAPITRE XI. — Conclusion...................	179

6 août 6

esph p. 187

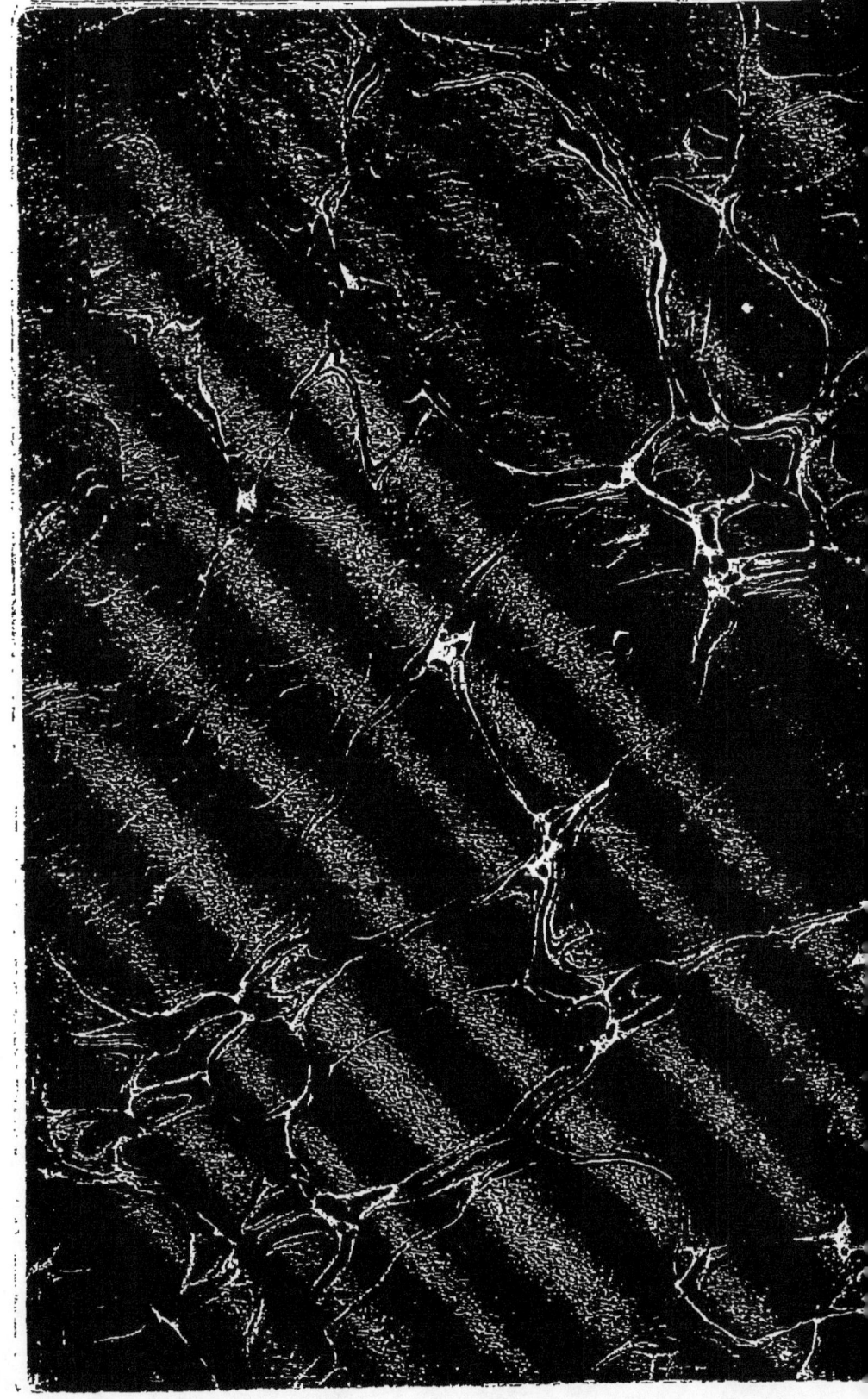

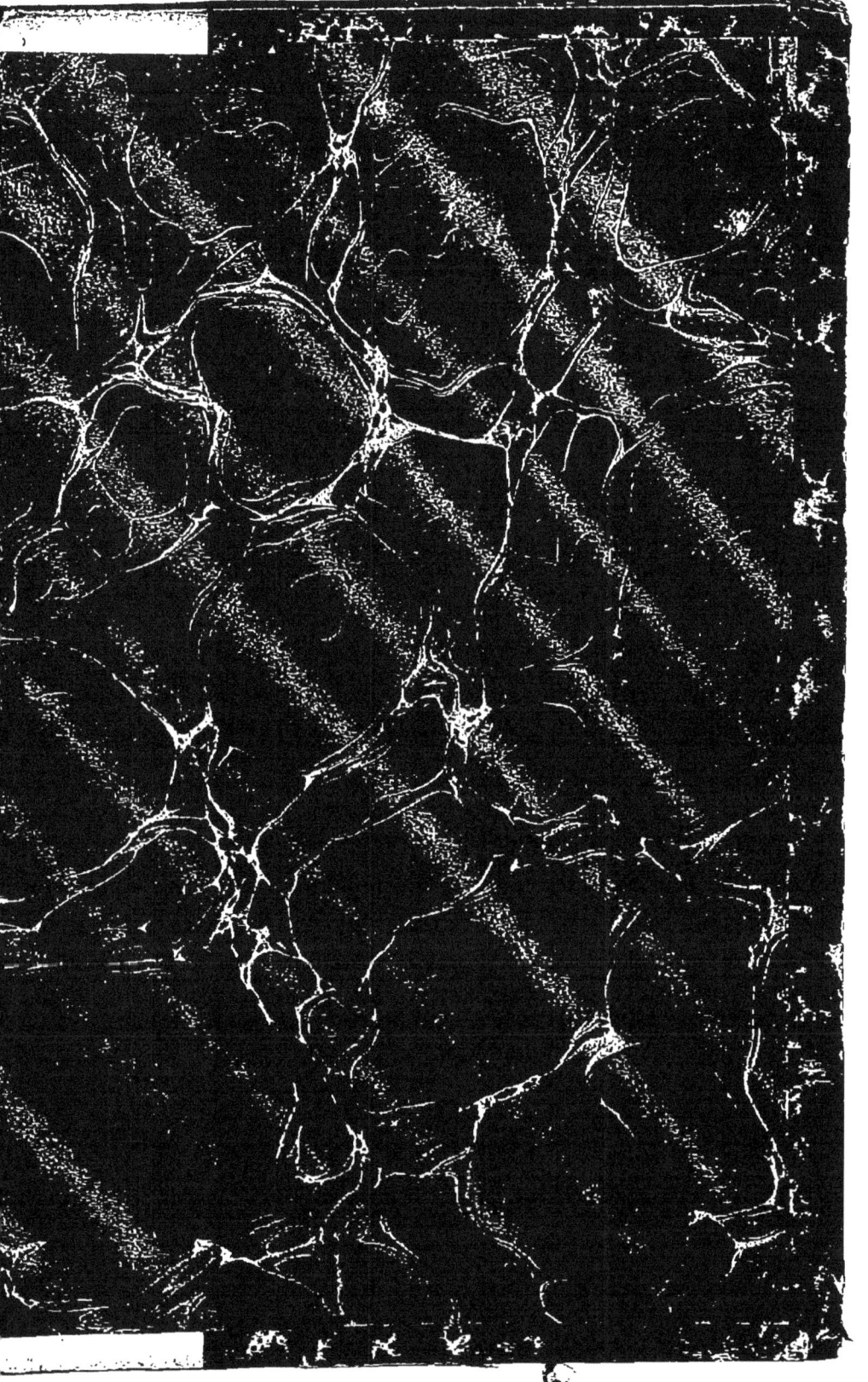

www.ingramcontent.com/pod-product-compliance
Lightning Source LLC
Chambersburg PA
CBHW060516090426
42735CB00011B/2252